Die Bekämpfung
des Erd= und Kurzschlusses in Höchstspannungsnetzen

Von

Dr.=Ing. Paul Bernett

Mit 5 Abbildungen

München und Berlin 1927

Druck und Verlag von R. Oldenbourg

Vorwort.

In meiner Stellung als Zentralverteilungs-Ingenieur der Bayernwerk A.-G. hatte ich Gelegenheit, Erfahrungen mit dem eingebauten Erdschluß- und Kurzschlußschutz zu sammeln und das dringende Bedürfnis nach einer raschen und genauen Lokalisierung der Freileitungsschäden kennen zu lernen. Die vorliegende Arbeit ist das Ergebnis der Betriebserfahrungen und der sich daran anknüpfenden Folgerungen. Sie entstand im Jahre 1925 und wurde von der Technischen Hochschule Darmstadt als Dissertation zur Erlangung der Würde eines Doktor-Ingenieurs genehmigt. Die zwischen Abfassung und Druck verflossene Zeit verursachte nur geringe Ergänzungen.

Ich möchte an dieser Stelle für das Entgegenkommen, das mir die Bayernwerk A.-G. in jeder Beziehung zuteil werden ließ, meinen verbindlichsten Dank aussprechen.

München, Juni 1927.

Der Verfasser.

Inhaltsübersicht.

Einleitung.

Erzeugung und Verbrauch elektrischer Energie erfolgt heute immer ausschließlicher nach dem Gesichtspunkt der Landesversorgung. Diese ist gewöhnlich gekennzeichnet durch den vertikalen Zusammenschluß konzentrierter Elektrizitätserzeugung an Orten, die von der Natur besonders begünstigt sind (Wasserkräfte, Kohlenlager), Transport der Energie mit Hilfe eines Höchstspannungsnetzes über größere Entfernungen und Absatz an die örtlichen Elektrizitätsgesellschaften. Hand in Hand mit dieser Vertikalgliederung geht ein horizontaler Parallelbetrieb: Die Einspeisung der Energie erfolgt an mehreren Punkten des Übertragungsnetzes, die von früher vorhandenen örtlichen Zentralen laufen mit, sei es zur Spannungsregelung, zur Aushilfe in Notfällen oder dgl., ja man kuppelt die verschiedenen Landesversorgungen selbst zur Energieaushilfe und zum Energieaustausch. Als Beispiele, bei denen bereits der Name die Ausdehnung des Versorgungsgebietes kennzeichnet, seien herausgegriffen: Badenwerk, Bayernwerk, Sächsische Werke. Die Energieeinspeisung beim Bayernwerk erfolgt durch das Walchenseewerk in Kochel, durch die Mittlere Isar in München und Landshut, ein Parallelbetrieb mit örtlichen Zentralen findet u. a. in Nürnberg mit dem Großkraftwerk Franken statt. Als Beispiel für die Kuppelung von Landesversorgungen sei die des Bayernwerks und der Württembergischen Landes-Elektrizitäts-Gesellschaft in Meitingen erwähnt.

Die Spannungen verteilen sich in den Überlandversorgungen so, daß die Erzeugung der Energie mit etwa 6—12 kV, die Fernübertragung mit 100 kV und der Absatz an die Mittelspannungsnetze mit etwa 10 bis 60 kV erfolgt. Die Grenzsteine zwischen den 3 Teilen bilden demnach die Transformatoren. Sie seien zweckmäßigerweise in das Höchstspannungsnetz miteinbezogen. Es besteht also aus den Transformatoren, den Hochvoltsammelschienen und den Hochvoltfreileitungen.

In elektrischer Beziehung ist dies Gebilde den Störungen durch Kurzschluß und Erdschluß ausgesetzt. Treten solche Defekte auf, so gilt es zunächst sie unschädlich zu machen. Dieser Aufgabe dienen die Schutzeinrichtungen. Den verschiedenen Wirkungen der beiden Störungsmöglichkeiten entsprechend unterscheidet man zwischen Kurzschlußschutz und Erdschlußschutz. Ist diese Phase des Kampfes erledigt, so besteht bei den Freileitungen die weitere Aufgabe den genauen Fehlerort zu ermitteln. Diese ist bei der räumlichen Ausdehnung der Hochvoltnetze rasch und sicher nur durch Messung von der nächsten Schaltstation aus zu lösen.

Eine allgemein verwendbare Meßmethode zur Fehlerortsbestimmung auf Freileitungen hat, soweit bekannt, bis jetzt nicht bestanden. Bei der Schutzprojektierung dagegen konnte man auf marktgängige Fabrikate zurückgreifen. Entwicklungsmäßig wurden dabei die in Nieder- und Mittelspannungsnetzen bereits erprobten Prinzipien und Relais verwendet. Erfahrung und Überlegung zeigten jedoch, daß das Vorhandene sowohl prinzipiell, wie in der Ausführung den Forderungen des Hochspannungsbetriebes nicht gewachsen war.

Die Rückständigkeit dieser Apparatur im Vergleich mit der sonstigen Ausstattung der Höchstspannungsanlagen ist wohl einmal in der stürmischen Entwicklung des letzten Jahrzehntes, dann aber vor allem im Wesen des Schutzes als einer Hilfseinrichtung begründet, für die der Praktiker nur ein mittelbares Verständnis aufbringt. Auch zeigt ja erst der jüngste Zusammenschluß der Elektrizitätsversorgung für größere Gebiete, daß bei mangelhaften Schutzeinrichtungen der Ausfall an Verdienst und Prestige es leicht gestattet für diese »unproduktiven« Einrichtungsteile einen erhöhten einmaligen Anschaffungspreis aufzuwenden.

I. Kurzschluß=Schutz.

Für den Betrieb wichtiger als der Erdschlußschutz ist der Kurzschlußschutz. Er allein verlangt eine sofortige Abschaltung. Um die
räumliche Ausdehnung der Abschaltung möglichst klein zu halten, teilt
man den Schutz in Bezirke, die jeweils zwischen 2 Ölschaltern liegen,
auf und verwendet eine lückenlose Schutzfolge. Im Höchstspannungsnetz unterscheidet man demnach einen Transformator-, einen
Sammelschienen- und einen Freileitungs-Kurzschlußschutz. Die nach
der Erzeuger- und Verbraucherseite folgenden Schutzarten interessieren
hier nur soweit, als sie ein reibungsfreies Zusammenarbeiten gestatten
müssen.

Die ersten beiden Schutzarten sind im Prinzip gelöst. Es seien
deshalb nur einige Betriebserfahrungen mit ihnen kurz besprochen.

Es ist heute allgemein üblich den Transformator gegen innere Fehler
durch Differentialschutz, gegen Überlastung durch Maximalschutz zu
sichern. Dazu kommt noch in jüngster Zeit der Buchholzschutz, der im
Gegensatz zu allen anderen Schutzarten nicht auf der unmittelbaren
Veränderung elektrischer Größen, wie Strom, Spannung usw., sondern
auf mittelbaren Folgeerscheinungen, nämlich auf der Entstehung von
Gasblasen im Öl beruht. So überzeugend dieser Schutz bei inneren
Fehlern im Ölkessel wirkt, so wenig macht er den Differentialschutz ent-
behrlich, da er prinzipiell die Fehler an den Einführungen des Trans-
formators nicht erfassen kann und somit ohne die Ergänzung des Differentialschutzes eine Lücke in der Schutzfolge verursacht. Betriebserfahrungen mit ihm waren mir nicht zugänglich.

Das von den Firmen beim Transformator-Differentialschutz allgemein verwendete Prinzip ist der Vergleich der hoch- und niederspan-
nungsseitig fließenden Ströme. Diese müssen im normalen Betrieb
unter Berücksichtigung des Übersetzungsverhältnisses bis auf den
Magnetisierungsstrom (etwa 5% des Normalstromes) einander gleich
sein. Erst beim Auftreten eines inneren Defektes wird das Stromgleich-
gewicht gestört. In der sogenannten Merz-Priceschaltung der Stromwandler fließt ein Unsymmetriestrom über ein Stromrelais, der bei ent-
sprechender Höhe die Abschaltung des Trafos bewirkt (cf. Lit.-Ang. 8,
S. 42). Die Ausführung dieses Prinzips wird durch die zwischengeschal-
teten Stromwandler wesentlich erschwert. Sie sind die Ursache, daß

der bei gesundem Trafo fließende Unsymmetriestrom stets größer ist als der Magnetisierungsstrom. Die Folge ist, daß der Schutz unter Umständen sehr unempfindlich eingestellt werden muß und erst bei beträchtlichen inneren Defekten in Funktion tritt, oder bei normalen Trafo-Überlastungen anspricht, die durch außerhalb seines Bereiches liegende Kurzschlüsse veranlaßt werden, und bei seiner kurzen Zeiteinstellung als unerwünschter Maximalschutz wirkt. Dieser Fehler muß auf alle Fälle vermieden werden. Der maximal mögliche Kurzschlußstrom bei Klemmenkurzschluß ist begrenzt durch die Kurzschlußspannung ε. Diese wird bekanntlich in Prozenten angegeben und beträgt bei den modernen weichen Ausführungen etwa 10%.

Eine unbedingte Sicherheit wäre also dadurch gegeben, daß der Differentialschutz auch bei einem Durchgangsstrom vom 10fachen oder allgemein $\frac{100}{\varepsilon}$ fachen des Normalstromes nicht anspricht. Abgesehen von der Schwierigkeit, ihn so auszuführen und nachzuprüfen, ist dieser Sicherheitsgrad nicht notwendig, da das Absinken der Netzspannung im Kurzschluß verhindert, daß der Strom diesen Grenzwert erreicht. Eine allgemein verbindliche Bedingung aufzustellen ist unmöglich, da die Höhe der Kurzschlußströme vollkommen von den Netzverhältnissen abhängt. Meist wird man der erheblich geringeren Forderung, der Schutz dürfte beim 5fachen Durchgangsstrom nicht ansprechen, genügend sicher gehen. Das Bayernwerk hat beispielsweise seit Durchführung dieses Grundsatzes keine Fehlauslösung mehr zu verzeichnen gehabt. Die Prüfung des eingebauten Differentialschutzes wird am einfachsten mit der einen Transformatorprüfung verbunden, die regelmäßig vor der Betriebsaufnahme vorgenommen wird: Hochfahren im 3phasigen Kurzschluß. Man wechselt das oder die Differential-Stromrelais gegen Amperemeter gleichen Widerstandes aus und nimmt die Größe des Unsymmetriestromes in Abhängigkeit vom primären Strom auf. Da diese »Fehlerstromkurve« annähernd linear verläuft, kann man sich gegebenenfalls mit dem 2—3fachen Normalstrom begnügen und den Fehlerstrom für den 5fachen extrapolieren. Mit diesem Wert liegt beim ausgeführten Schutz auch die innere Empfindlichkeit fest. Beträgt beispielsweise bei 5fachem Normalstrom der Fehlerstrom 1 A, so ist bei einer Wandler-Nennstromstärke von 5 A die innere Empfindlichkeit 20 %.

Der Grund für die Schwierigkeit, den Fehlerstrom gering zu halten, liegt, wie schon erwähnt, in den verwendeten Wandlern und ihrer relativ großen Belastung bei der räumlichen Ausdehnung der 100 kV-Umspannwerke. Um die Kosten gering zu halten, wird der Differentialschutz in der Praxis eigentlich nur mit Einleiterdurchführungswandlern (meist in den Ölschaltern eingebaut) ausgeführt. Die Genauigkeit und Belastbarkeit dieser Wandler hängt natürlich von der Amperewindungszahl ab, und diese ist selbst bei den großen Einheiten auf der Hochvoltseite außerordentlich gering, im Gegensatz dazu auf der Niedervoltseite je nach dem Übersetzungsverhältnis erheblich größer. Diese beiden verschiedenen Wandler arbeiten im Differentialschutz zusammen.

Die Wandlerbelastung kann durch Übergang auf eine geringe Nennstromstärke, z. B. 1 A statt 5 A, erheblich vermindert werden. Doch entschließt man sich im Interesse der Einheitlichkeit nur ungern zu dieser Maßnahme. Eine weitere Möglichkeit besteht in der Verwendung von entsprechend dimmensionierten Zwischenwandlern, die die Fehlerkurve der beiden Durchführungswandler künstlich in Übereinstimmung bringen. Die konsequenteste Lösung ist in der Revue générale de l'Electricité vom 4. Oktober 1925 beschrieben: Vergleich der Spannungen statt der Ströme und künstlicher Ausgleich der Charakteristiken durch den bereits erwähnten Zwischenwandler, der von der Niedervoltseite aus magnetisiert wird. Könnte man durch eine dieser Maßnahmen den Fehlerstrom, den die Wandler verursachen, vermeiden, so wäre bei den gebräuchlichen Relais der Magnetisierungsstrom der zu schützenden Einheit, der etwa 5% des Normalstroms beträgt, die untere Empfindlichkeitsgrenze. Diese wäre im Interesse einer geringen Ausdehnung von Defekten unbedingt anzustreben. Tatsächlich ist man im Betriebe froh, wenn man eine Empfindlichkeit von 30—40% erreicht. Die Abschaltzeit des Differentialschutzes ist möglichst kurz zu wählen. Das Bayernwerk hat mit einer Abschaltzeit von 1 Sek. gute Erfahrungen gemacht.

Der Maximalschutz der Transformatoren bedeutet in unserer lückenlosen Schutzfolge eine doppelte Sicherheit, die bei dem Wert der Objekte sehr erwünscht ist. Er erschwert aber umgekehrt das Zusammenarbeiten mit den anderen Schutzarten. Tatsächlich ist die Bedeutung des Maximalschutzes, entsprechend der Kurzschlußfestigkeit und Größe der verwendeten Einheiten gesunken. Ihre Zeitkonstante ist so groß, daß sie eine kurzfristige Überlastung ohne Schaden ertragen. Unzulässige Temperaturerhöhungen werden außerdem von der Gefahrmeldeanlage signalisiert. Da weiter Zentralen und 100 kV-Schaltwerke dauernd besetzt sind, so ist mindestens ein Vorkontakt mit Alarmvorrichtung anzubringen, wenn man nicht überhaupt auf eine automatische Auslösung verzichten will. Ob man abhängige oder unabhängige Relais wählt, hängt von den anderen Schutzarten ab. Jedenfalls ist die Verwendung beider ganz unzweckmäßig, wie noch später näher erläutert wird.

Der Hochvolt-Sammelschienenschutz (cf. Lit.-Ang. 8, S. 41/42) ist auf dem gleichen Prinzip wie der Differentialschutz der Transformatoren aufgebaut. Er vergleicht die Summe der der Sammelschiene zufließenden Ströme mit den von ihr abfließenden und spricht an, wenn diese Summe infolge eines Defektes nicht mehr gleich Null ist. Es gelten für ihn deshalb ganz ähnliche Gesichtspunkte. Doch ist es hier viel leichter, den durch die Stromwamdler verursachten Fehlerstrom klein zu halten, da sämtliche Wandler gleicher Type sind. Auch fällt der Magnetisierungsstrom ganz weg. Die Stromgrenzen — die untere, bei der er für innere Fehler ansprechen soll, und die obere, bei der er für äußere Fehler nicht ansprechen darf — sind gegeben durch den kleinsten und größten Kurzschlußstrom. Mit Rücksicht auf die noch folgenden Betracht ungen ist der erste nicht zu hoch zu veranschlagen. Mit 30—40% des Normalstromes einer Leitung wird man im allgemeinen sicher gehen. Die Abschaltzeit ist ebenso kurz wie beim Transformator-Differentialschutz, also etwa 1 Sek., zu wähler. Man könnte sogar wegen des fehlenden Einschaltstromstoßes auf ½ Sek. heruntergehen. Die Verwendung von Relais, bei denen die Abschaltzeit von der Stromstärke abhängt, erscheint fehlerhaft. Auf der anderen Seite ist der Sammelschienenschutz eine gefährliche Abvehrmaßnahme, da bei seinem Ansprechen die gesamte Hochvoltseite der Schaltstation ausfällt. Es wäre deshalb dringend geboten, eine Sicherung in Form einer Spannungssperre vorzusehen, die die Abschaltung nur bei Absinken der Spannung auf etwa 20—30% ihres Normalwertes freigibt.

Der Hochvoltfreileitungsschutz.

Im Gegensatz zu den bisher besprochenen Schutzarten, bei denen lediglich die Ausführung zu Verbesserungsvorschlägen Anlaß gab, bedarf der Hochvoltfreileitungsschutz einer prinzipiellen Untersuchung. Im Interesse der Anschaulichkeit dürfte es zweckmäßig sein, an der Kritik eines ausgeführten Hochvoltschutzes — Bayernwerk — die 3 Hauptprobleme zu entwickeln. Der Bayernwerksschutz gegen Kurzschluß (s. Abb. 1) ist ein Überstromschutz, der bei Einfachleitungen die Selektivität der Abschaltung durch eine gegenläufige Zeitstaffelung in Verbindung mit abhängigen Maximalrelais (Richtungsrelais usw.) zu erreichen sucht (cf. auch Lit.-Ang. 8, S. 40/41).

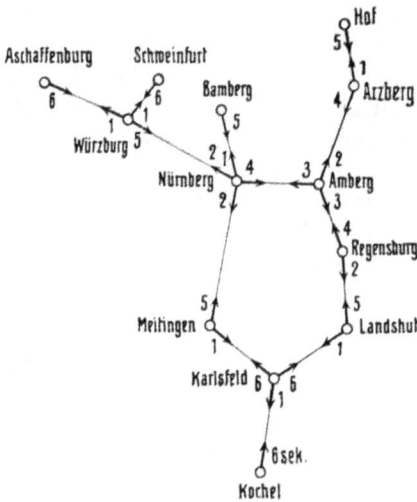

Abb. 1. Zeitstaffelung des Bayernwerkkurzschlußschutzes,

Erfahrung und Überlegung haben nun gezeigt, daß

1. die Schwierigkeiten, die die Vermaschung des Netzes der Eingrenzung der Störungsstelle verursacht, durch eine gegenläufige Zeitstaffelung im allgemeinen nicht zu lösen sind: Problem der selektiven Abschaltung,

2. diese Zeitstaffelung außerdem zwangsläufig hohe Abschaltzeiten mit sich bringt, die zu einem Außertrittfallen parallel arbeitender Generatoren und damit Abschaltung der Maschinen (durch den Generator-Maximalschutz) führen können: Zeitproblem;

3. ein Kurzschluß-Überstrom, der ja nach der Bezeichnung die Voraussetzung für das Inkrafttreten des Schutzes bildet, nur bei gewissen Betriebsverhältnissen auftritt, während im Normalbetrieb durch eine vorübergehende Überlastung eine vollkommen gesunde Leitung abgeschaltet werden kann: Anlaufproblem.

Betont sei die Wichtigkeit zwischen der Signalgabe des Kurzschlusses an die Relais, die unter Umständen an mehrere in Reihe liegende erfolgen kann, dem Anlauf und der Abschaltung der dem Defekt zunächstliegenden Ölschalter, dem Ablauf zu unterscheiden.

Das Versagen der gegenläufigen Zeitstaffelung ist ein prinzipieller Fehler, der zeigt, daß man mit den alten einfachen Mitteln, die sich bei Stichleitungen bewährt haben, bei vermaschten Netzen nicht mehr durchkommt. Sie setzt einen Belastungsschwerpunkt voraus, von dem die Zeitstaffelung ausgeht. Bei Parallelarbeiten mehrerer Kraftwerke, wie es bei der modernen Landesversorgung die Regel ist, trifft diese Voraussetzung in keiner Weise zu. Ist in unserem Beispiel (s. Abb. 1) das Walchenseewerk abgeschaltet und die Mittlere Isar in Landshut eingesetzt, so fallen bei einem Kurzschluß zwischen Karlsfeld und Meitingen nach 1 Sek. die beiden Strecken Ka—Me und Ka—L aus und München ist ohne Energie.

Spielten die Kosten keine Rolle, so wäre auch für die Freileitungen ein Differentialschutz wegen seiner absoluten Selektivität die Lösung. Tatsächlich sind auch Differentialschutzschaltungen für Freileitungen angegeben (s. Lit.-Ang. Nr. 9). Wegen des Preises der Verbindungsleitung kommen sie wohl praktisch fast nie in Frage. Unseres Erachtens ist die zeitgemäße Lösung des Problems der selektiven Abschaltung der Distanzschutz, wie er sich — in Verbindung mit Überstromanlauf — in den Nieder- und Hochspannungsnetzen mehr und mehr einführt. Auf seine Beschreibung (s. z. B. Lit.-Ang. 4) können wir verzichten. Sein Prinzip gewährleistet bei den kompliziertesten Netzbildern die richtige Abschaltung der kranken Strecke. Die Frage, ob es zweckmäßiger ist, die Leitungsimpedanz oder -reaktanz als Maß für die Abschaltzeit heranzuziehen, wird noch im Zusammenhang mit den Lichtbogenwiderständen erörtert. Ob man die Auslösezeiten kontinuierlich (Allgemeine Elektricitäts-Gesellschaft) oder in Stufen (Siemens & Halske) wählt, ist eine Frage der Konstruktion, des Zusammenarbeitens und der Betriebsbewährung. Man kann der Stufenschaltung insofern einen gewissen Vorzug einräumen, als man hier eine bessere Kontrolle über den zeitlichen Anlauf des Kurzschlußvorgangs hat. Die Versuche, Distanzrelais zur Fehlerortsbestimmung heranzuziehen, erscheinen wegen der Ungenauigkeit der Wandler, Relais usw., die in der Größenordnung von 20—30% liegen dürfte, vorderhand von keiner praktischen Bedeutung.

Unser zweiter Einwand richtete sich gegen die zu langen Auslösezeiten. Es hatte sich nämlich im Betrieb gezeigt, daß in Zeiten schwacher Belastung nicht der Kurzschluß selbst gefährlich war — dieser verschwand öfters von selbst —, sondern die Vorgänge nach Wiederkehr der Spannung, die im Endeffekt zum Ausfall der Generatoren (Maximalschutz) führten. Der Grund lag darin, daß bei schwacher Belastung vorwiegend mit Netzerregung gefahren wurde, bei Kurzschluß die Spannung fast vollkommen zusammenbrach, damit das synchronisierende Moment mehr oder weniger gleich Null wurde und die Maschinen nun auseinanderliefen. Erlosch dann infolge mangelnden Stromes der Kurzschluß, so kamen die parallelen Maschinen bei wiederkehrender Spannung unter Umständen nicht mehr in Tritt und veranlaßten das Fallen der Maschinenschalter.

Theoretische Untersuchungen über die Höhe des zulässigen Schlupfes sind nicht bekannt. Professor Thoma (Karlsruhe) gibt einen Erfahrungswert von 2% an. Großzügige Versuche wären hier eine dringende Forderung.

Es ist einleuchtend, daß der mechanische Vorgang unmittelbar nach dem Kurzschluß (die plötzliche Entlastung) nicht vom Regler, sondern lediglich vom Drehmoment, also der Vorbelastung, und Schwungmoment beherrscht wird. In der Anlage Nr. 1 sind verschiedene Entlastungsfälle für ein Walchenseeaggregat (von 20000 kVA) durchgerechnet. Zufällig zugängliche Tachogramme, die gelegentlich der Reglerabnahmen aufgenommen waren, stimmen mit den rechnerischen Werten sehr gut überein. Den Vergleich liefert die nebenstehende Tabelle.

| Vers.-Nr. | Entlastung MW | Geschwindigkeitsänderung in 1″ in % | | Aus Tachogramm | |
		nach Rechnung	aus Tachogramm	Dauer des Reglervorgangs in sec	max. Geschw.-änderung in %
1	— 4,2	2,9	3,0	9	2,2
2	— 8,8	6,0	5,5	13	4,0
3	—16,4	11,2	11,0	30	10,6

Unsere Ergebnisse sind auf der Voraussetzung aufgebaut, daß kein synchronisierendes Moment vorhanden ist; sie stellen also einen Grenzwert dar, der in Wirklichkeit nur angenähert erreicht wird. Jedenfalls sind nach ihnen folgende dringliche Forderungen zu stellen:

1. Reservemaschinen nie leer mitlaufen zu lassen,

2. die Auslösezeiten des Schutzes möglichst zu drücken.

Die amerikanische Praxis fordert eine Auslösung nach maximal 3 Sek.

Des weiteren geht aus der Rechnung (Beilage 1, S. 2) hervor, daß die Winkelverdrehung des Polrades nicht die bisher vermutete Rolle spielt. Die doppelte Spannung tritt in den gerechneten Fällen nach 0,4 bzw. 0,6 bzw. 0,8 Sek., sicher also innerhalb der Auslösezeit auf.

Da unser Schutz, wie erwähnt, auf dem Überstromprinzip beruht, wirkt er automatisch als Überlastungsschutz. Hielten wir diesen nach unseren vorausgehenden Darlegungen bereits für Transformatoren kaum für notwendig, so ist er bei einer Freileitung direkt schädlich. Fällt im Kurzschluß eine Leitung der Masche heraus, so darf unter keinen Umständen die gesunde Leitung wegen vorübergehender doppelter Überlastung nachfolgen. Die Zahlenverhältnisse liegen in unserem Beispiel so, daß der Schutz bei 280 A (entsprechend ca. 50 MVA) anläuft, während der normale Betriebsstrom einer Leitung etwa 200—250 A (entsprechend 35—43 MVA) beträgt.

In scheinbar einfachster Weise könnte man diesem Übelstand durch Erhöhung des Anlaufs abhelfen. Untersuchen wir aber die Größe der möglichen Kurzschlußströme, so kommen wir zu dem eigentlichen Grund, weswegen ein Überstromschutz in einem normalen Hochvolt-Überlandversorgungsnetz versagen muß: Betriebsstrom und Kurzschlußstrom überlappen sich weitgehend: Der Überstrom ist überhaupt kein zuverlässiges Kriterium für einen Kurzschluß. Die Gründe für dieses Verhalten, das nach den bisherigen Erfahrungen mit Nieder- und Mittelspannungsnetzen überrascht, sind mannigfach: Ausschlaggebend ist die Größe der Belastungs- und damit Spannungsschwankungen. Trotz aller Bemühungen, die Belastungskurven zu verbessern, das heißt die Unterschiede von Tag und Nacht, Sonntag und Werktag auszugleichen, ist der Erfolg gering. Verhältnisse von 1 : 10 sind keine Seltenheit. Dazu kommt, daß die kapazitive Ladeleistung des Netzes mit der 1. Potenz der Netzlänge und der 2. Potenz der Spannung steigt. Sie beträgt z. B. im Bayernwerk 2700 kVA pro 100 km und 100 kV. Damit stellt sie einen wesentlichen Anteil der übertragenen Leistung dar und bewirkt, wenn man, um die Spannungsverluste niedrig zu halten, die Energie mit gutem cos φ abgibt, daß die Maschinen mehr oder weniger mit Netzerregung fahren. Die Weichheit (hohe Kurzschlußspannung) der modernen Generatoren und Transformatoren, ebenso wie eine Reihe von Reglereinrichtungen, die den Kurzschlußstrom der Maschinen begrenzen, wirken in demselben Sinn. Aus all diesen Gründen braucht das Problem des Schutzanlaufs nicht auf Höchstspannungsnetze beschränkt zu sein: Es tritt überall auf, wo das Verhältnis des geringsten Kurzschlußstromes zum größten Betriebsstrom den Wert von etwa 2 unterschreitet.

Zur quantitativen Verfolgung der Verhältnisse sind mit Hilfe der Rüdenbergschen Methode[1]) für unser Bayernwerksbeispiel die Dauer-

---

[1]) Siehe Literaturangabe 10.

kurzschlußströme bei 5 verschiedenen Betriebszuständen des Walchenseewerks je für einen nahen Kurzschlußort (etwa bei Landshut) und einen entfernten (etwa bei Arzberg) ermittelt worden. Fall 1 der folgenden Tabelle entspricht etwa dem mittleren Nacht- oder Sonntagsbetriebe (nicht einem Minimum); Fall 2 ist ungefähr die Normalerregung einer Maschine bei Vollast. Dabei ist die Ladeleistung des Netzes (2,7 BMV pro 100 km) lediglich im cos $\varphi = 1$ etwas berücksichtigt. Tatsächlich sind die Erregungen in der Nacht häufig noch geringer, als bei Fall 1 angenommen.

Die Methode ist in Anlage 2 kurz beschrieben. Setzt man die hier angegebenen Widerstandswerte in die Leerlaufcharakteristik, deren Daten ebenfalls beiliegen, ein, so ergibt sich folgende Tabelle:

Fall	Maschinenzahl	Erregung/Gen.	ohne Netz entsprechend	Kurzschlußstrom J^{KD} für Kurzschluß be[l]	
				Landshut Amp.	Arzberg Amp.
1	1	250	12 MW, 6,0 kV cos $\varphi = 1$	131	120
2	1	360	16 MW, 6,6 kV cos $\varphi = 1$	188	171
3	2	»	»	352	298
4	3	»	»	501	387
5	4	»	»	628	472

Geht man mit diesen Stromarten in die Charakteristiken der abhängigen Maximalzeitrelais (AMZR) der Abb. 2 ein, so ergibt sich in

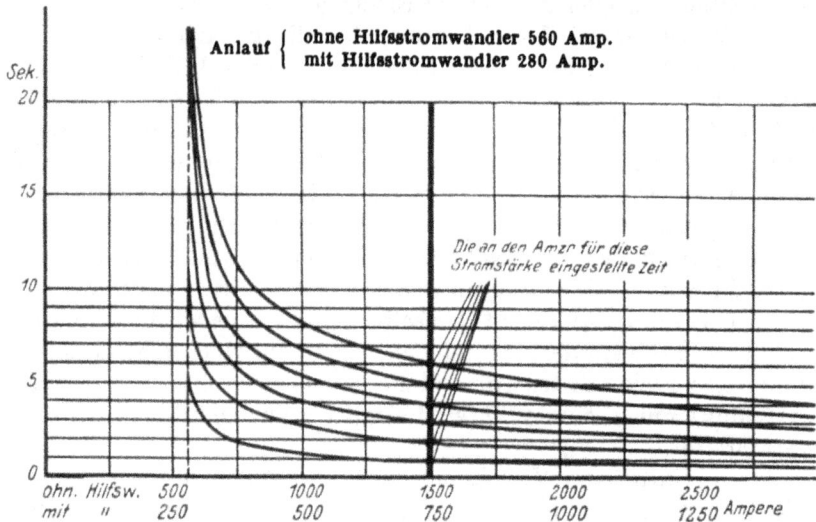

Abb. 2. Charakteristik des AMZR mit Stromwandler 350/5 u. Hilfsstromwandler 5/10.

den 5 Betriebsfällen das folgende Verhalten des Schutzes. Gleichzeitig wird uns hierbei handgreiflich vor Augen geführt, wie unrichtig die Reihenschaltung der abhängigen Leitungs- und unabhängigen Generatorrelais ist. Der Generatorschutz sei auf den 1,5fachen Normalstrom und auf 8 Sek. eingestellt.

Fall	Kurzschluß bei Landshut		Kurzschluß bei Arzberg	
	Generatorschutz Kochel	Selektivschutz Karlsfeld	Generatorschutz Kochel	Selektivschutz Amberg
1	spricht nicht an	spricht nicht an	spricht nicht an	spricht nicht an
2	spricht an nach 8 Sek.	spricht nicht an	spricht an nach 8 Sek.	spricht nicht an
3	,	spricht an nach 13 Sek.	spricht nicht an	spricht an nach ∞ Zeit.
4	,	spricht an nach 8 Sek.	,	spricht an nach 3 Sek.
5	,	spricht an nach 7 Sek.	,	spricht an nach 3 Sek.

Ein richtiges Funktionieren des Schutzes, d. h. selektives Abschalten der kranken Leitung, findet also nur in 3 Fällen: Bei Kurzschluß Landshut nur bei 4 Maschinenbetrieb, bei Kurzschluß Arzberg bei 3 und 4 Maschinenbetrieb statt. Auch eine Verlängerung der Auslösezeit des Generatorschutzes in Kochel auf 10 Sek. würde lediglich bei Drei-Maschinenbetrieb eine weitere richtige Abschaltung ergeben.

Der naheliegende Gedanke an die Ausnützung des plötzlichen Kurzschlußstromes erweist sich bei näherer Überlegung als unfruchtbar. Bei den großen Streuspannungen der kurzschlußfesten Generatoren und Transformatoren erreichen die plötzlichen Kurzschlußströme selbst an den Klemmen der Einheit (Gen. plus Trafo) maximal den vierfachen Wert des Normalstroms. Sie sind weiterhin viel stärker von der Entfernung abhängig als die Dauerkurzschlußströme, und schließlich klingen sie (s. Lit.-Ang. 10) in maximal 1—2 Sek. auf den Wert $\frac{1}{e}$ ab. (e = Basis der natürlichen Logarithmen).

Man hat nun an die Ausnützung des Spannungszusammenbruchs gedacht, mit dem man ja in Mittelspannungsnetzen — notabene immer in Verbindung mit Überstromanlauf — gute Erfahrungen gemacht haben soll. Bei näherer Betrachtung ist jedoch auch dieses Kriterium allein ungeeignet. Die Spannungsabsenkung, bei der der Schutz ansprechen soll, läßt sich nämlich nicht angeben, weil sich betriebsmäßige Spannungsabsenkungen mit der Kurzschlußspannung bei vollem Maschineneinsatz ganz analog wie bei den Strömen überlappen. Beispielsweise schwankt im Bayernwerk die Spannung regulär etwa zwischen 80 und 120 kV, also um rund 40%. Umgekehrt beträgt bei der längsten

Strecke München—Nürnberg mit einer Impedanz von rund 45 Ohm bei einem Kurzschlußstrom von 1000 A die Endspannung bereits 78 kV. Hierbei sind die Lichtbogenspannungen an der Kurzschlußstelle bei nichtmetallischem Kurzschluß noch gar nicht berücksichtigt. Auf den Vorschlag, 2 Auslösespannungen zu verwenden, die etwa vom Strom automatisch umgeschaltet werden sollten, braucht wegen der Ausführungsschwierigkeiten wohl nicht weiter eingegangen zu werden.

Da also weder der Zusammenbruch der Spannung noch die Erhöhung des Stromes, jedes für sich, ein eindeutiges Kurzschlußkriterium

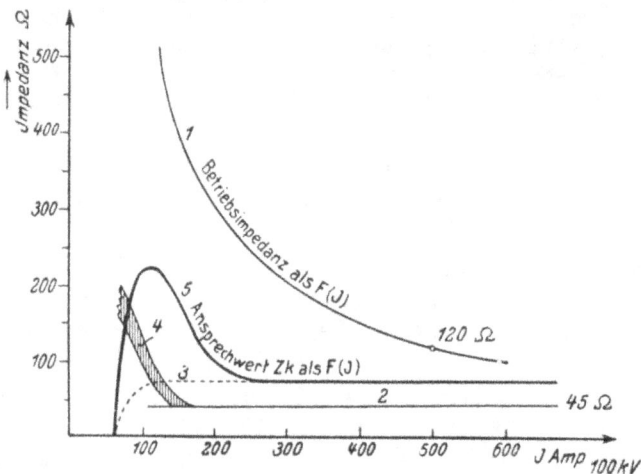

Abb. 3. Distanzanlauf.

darstellen, führt ein planmäßiges Vorgehen zur Heranziehung ihres Verhältnises. Der Quotient $\dfrac{\text{Betriebsspannung}}{\text{Betriebsstrom}}$, also die Betriebsimpedanz in Abhängigkeit von der Belastung, ist eine Hyperbel und hat ihren kleinsten Wert beim größten Betriebsstrom. Im Kurzschluß wird die Betriebsimpedanz gleich Null, und der am nächstliegenden Ölschalter auftretende Wert $\dfrac{\text{Kurzschlußspannung}}{\text{Kurzschlußstrom}}$, die Kurzschlußimpedanz, ist lediglich bestimmt durch die zwischen Fehler und Ölschalter liegende R e a k t a n z und Resistanz. Sie ist dem Charakter dieser Größe entsprechend proportional der Entfernung des Defektes. Der größte Wert, den die Kurzschlußimpedanz erreichen kann, ist festgelegt durch die längste Entfernung zweier Stationen. Ihr Verlauf in Abhängigkeit vom Strom ist geradlinig. Zwischen dieser Geraden und der Hyperbel der Betriebsimpedanz muß der Ansprechwert Z_k des Relais liegen. Die Zahlenverhältnisse in unserem Bayernwerks-Beispiel (s. Abb. 3) sind: Größte Kurzschlußreaktanz (und damit auch annähernd Impedanz), entsprechend der längsten Strecke von 100 km, 45 Ohm pro Phase (Kurve 2), geringste Betriebsimpedanz bei Normalbetrieb (250 A entsprechend ca. 43 MVA) 240 Ohm, bei vorübergehender doppelter Belastung bei Ausfall einer Ringhälfte oder einer Doppelleitung noch 120 Ohm pro Phase (auf Kurve 1); das Verhältnis ist 1 : 2,7. Wir können also den Ansprechwert Z_k (s. Kurve 3) mit großer Sicherheit nach oben und unten zwischen die beiden Kurven 1 und 2 legen. Diese Art des Anlaufs wird zutreffend als Distanzlauf bezeichnet, der ganze Schutz, für dessen Ablaufsystem wir uns bereits entschieden haben, als Doppeldistanzschutz[1]).

Von Wichtigkeit für die Ausführung dieses Systems ist der Kurzschluß-Lichtbogenwiderstand. Über seine Art und Größe besteht leider noch sehr wenig — zum mindesten zugängliches — Material.

Das Bayernwerk hat — die noch näher beschriebenen Erdschlußversuche — benützt, um Spannung und Strom während des Lichtbogens zu oszillographieren. Sie ergeben folgende Tabelle:

Vers.-Nr.	eff. Spannung in		Impedanz Ohm	Leistungs-faktor	Stromstärke in Amp.
	Volt	% v. E_p			
1	4 950	8,2	108,5	0,92	45,6
2	12 100	20,0	284	0,84	42,6
3	9 300	15,5	229	0,96	40,5

Weitere Kurzschlußversuche auf der Strecke Kochel—Arzberg haben die vorhergehende Rechnung über die Höhe der Kurzschlußströme bestätigt. Sie ergaben eine eingehendere Kenntnis der Lichtbogenverhältnisse, die wir, so weit sie für den Schutz von Interesse sind, mit der obigen Tabelle, wie folgt, zusammenfassen:

Der Lichtbogen stellt einen fast reinen Ohmschen Widerstand dar. Es wäre auch nicht einzusehen, wie ein selbst 20 oder mehr Meter langer Lichtbogen einen nennenswerten Fluß entwickeln sollte. Die Verkleinerung des Leistungsfaktors hat ihren Grund in den höheren Harmonischen der Lichtbogenspannung und kommt bei einer wattmetrischen Messung gar nicht zum Ausdruck, da der Strom — auch entsprechend den Widerstandsverhältnissen — bis vor dem Abreißen der Lichtbögen annähernd rein sinusförmig ist. Erhebliche Lichtbogenwiderstände treten erst bei Strömen auf, die kleiner sind als ca. 150 A. Der Lichtbogenwiderstand setzt mit dem Wert Null an und steigt — besonders, wenn er stehen bleibt, und nur dann braucht er abgeschaltet zu werden — in den ersten 2 Sek. nur ganz langsam. Den Lichtbogenwerten entspricht in Abb. 3 das schraffierte Band 4.

---

[1]) D. R. P. angemeldet. Erfinder: Dr. Ing. Arnold, Bernett. Eigentümer: Bayernwerk A.-G.

Um den Lichtbogenwiderstand auszuschalten wird das Ablaufsystem zweckmäßig reaktanzabhängig ausgebildet. Für den Anlauf ist ein solches System ungeeignet, da die Betriebsimpedanz im Gegensatz zur induktiven Kurzschlußimpedanz offenbar eine Funktion des cos φ der Leitung ist und demnach positiv, null oder negativ sein kann. Ein Impedanzanlauf vermeidet diese Übelstände. Sein Ansprechwert Z_k ist nur wegen des Lichtbogenwiderstandes entsprechend der stark ausgezogenen Kurve 5 der Abb. 1 bei kleinen Stromwerten zu heben.

Im Gegensatz zum Differentialschutz arbeitet der Doppeldistanzschutz nicht ohne weiteres mit den anderen Schutzarten zusammen. Wählt man den Anlaufbereich so, daß er 2 oder mehrere Leitungsstrecken (doppelte oder mehrfache Sicherheit bei Relaisversagern) überstreicht, so liegt die Gefahr vor, daß der Schutz im Kurzschluß auf der Niedervoltseite anspricht, denn die Transformatoren stellen je nach ihrer Größe bestimmte Leitungslängen vor (z. B. 3 parallel geschaltete 16000 kVA-Einheiten — Bayernwerk, Umspannwerk Nürnberg — eine Leitungslänge von etwa 50 km). Radikale Abhilfe schafft hier eine Fortsetzung des Distanzschutzes über den Transformator bis zum letzten Abnehmer. Billige Distanzrelais sind deshalb dringendes Erfordernis. Sonst genügt es wohl auch mit einfacher Sicherheit zu arbeiten, wenn die Relais und Zuleitungen genügend zuverlässig sind. Man stellt dann den Anlauf mit Rücksicht auf einen gewissen Spielraum auf etwa 20% über den Impedanzwert der Leitung und hat damit die Sicherheit, daß die Niederspannungsseite keine Komplikationen verursacht. Im äußersten Notfalle sind ja immer noch die Überstromrelais der Generatoren vorhanden, die beim Versagen aller anderen Schutzarten einspringen.

Betriebserfahrungen mit den üblichen Relais.

Die Betriebserfahrungen mit den Relais und ihren Zuleitungen sind ein ernstes Kapitel. Die Quintessenz ist äußerste Vorsicht und Kontrolle. Bei der Kompliziertheit der üblichen Zuleitungen kann mit einer fehlerfreien Montage nicht gerechnet werden. Das Durchklingeln der vielen Leitungen arbeitet praktisch selbst bei größter Sorgfalt nicht fehlerlos. Es hat sich bewährt, außerdem mit einer sog. Relaisprüfeinrichtung, die im wesentlichen aus einem regulierbaren Stromtransformator besteht, sämtliche Schutzeinrichtungen von der Primärseite aus zu prüfen. Die Verlegung selbst kann nicht sorgfältig genug erfolgen. Besondere Aufmerksamkeit ist der Feuchtigkeit (Baufeuchtigkeit!), den Klemmenanschlüssen (Drahtbruch, Endverbindungen flexibel) und den Bezeichnungen (farbige Leitungen, mindestens Färben der Enden, in weitestem Maße Anbringen von Etiketten) zuzuwenden.

Die Relais selbst bedürfen häufig einer verbesserten konstruktiven Durchbildung. Genauigkeit (insbesondere der Zeiten) und Betriebssicherheit können noch vergrößert werden. Ein staub- und feuchtigkeitssicherer Verschluß ist unter allen Umständen zu verlangen (eventuell auswechselbare Patronen zur chemischen Trocknung). Wicklungsdurchschläge kommen besonders auf der Auslöseseite (meist Gleichstrom 220 V) vor. Die Verwendung sogenannter tropensicherer Spulen hat sich hier bewährt. Andererseits sind anormale Beanspruchungen zu vermeiden, wie sie z. B. die Ausschaltüberspannungen von ferngesteuerten Ölschaltern (zu vermeiden durch Parallelwiderstände) darstellen.

Auch bei Berücksichtigung aller dieser Gesichtspunkte ist eine dauernde doppelte Kontrolle nötig: eine einfache Dauerkontrolle während des Betriebes durch das Personal der Schaltstationen selbst und durch eine besondere Relaisgruppe eine eingehende, etwa jährliche, bei der Wandler und Schutz abgeschaltet sind. Gerade die dauernde Betriebsüberwachung drängt die ganze Entwicklung dazu, den Relais den Charakter von Meßinstrumenten zu verleihen, die den normalen Meßwert, sei es Strom, Spannung oder Impedanz usw. abzulesen gestatten. Auf diese Weise kann sich der Schaltwärter bei jedem Rundgang durch einen Blick (Anbringung der Relais in Augenhöhe) von der Funktionsfähigkeit des Schutzes überzeugen. Im Auslösekreis (Gleichstrom) hat sich die Verwendung von Glimmlampen an den Relaistafeln sehr gut bewährt. Ebenso wird der Isolationszustand der Gleichstromanlage durch ein Kontaktvoltmeter am besten dauernd überwacht. Nur durch diese zunächst vielleicht übertrieben erscheinende Sorgfalt kann man sich vor Überraschungen schützen. Übrigens kommen die Amerikaner zu demselben Ergebnis (s. Lit.-Ang. 16).

II. Erdschluß=Schutz.

Ausschlaggebend für die Bekämpfung des Erdschlusses ist die Schaltung des Netznullpunktes.

Das Netz kann besitzen:

1. einen freien Nullpunkt,
2. einen starr (widerstandslos) geerdeten Nullpunkt,
3. einen über Widerstände geerdeten Nullpunkt.

Nach dem heutigen Stand der Technik sollte (zum mindestens bei Spannungen über 60 kV) Fall 1 für die Praxis ausscheiden. Läßt sich auch die erhöhte Ladeleistung im Erdschluß und die aus ihr folgende Spannungserhöhung bis zu einem gewissen Grad durch reichliche Bemessung der Maschinen und Ausführung mit stark gekrümmter Charakteristik, die unsymmetrische Belastung mit ihrer Spannungsverzerrung durch kräftige Dämpferwicklungen bekämpfen, so steht man den bei Lichtbogenrückzündungen auftretenden Überspannungen bis auf weiteres schutzlos gegenüber, da es einen wirksamen Überspannungsschutz für die hohen Spannungen zurzeit noch nicht gibt. Erfahrungsgemäß verursacht eben hier in der Regel ein Erdschluß einen sogenannten Doppelerdschluß und damit Kurzschluß.

Die widerstandslose Erdung des Nullpunktes ist in der amerikanischen Praxis üblich, in Deutschland ist sie verboten; jedoch wird das Problem in der letzten Zeit ernstlich diskutiert (Danziger Tagung des V. D. E. im September 1925, dazu Sonderheft der ETZ). Für uns wesentlich ist die Feststellung, daß ein starr geerdetes Netz keines Erdschlußschutzes bedarf, da ja bei ihm jeder Erdschluß einen einphasigen Kurzschluß bedeutet und dementsprechend abgeschaltet werden muß.

Technisch und wissenschaftlich zeitgemäß ist es, in größeren Netzen den Erdschlußstrom zu kompensieren. Hatte man es schon bei Einbau Ohmscher Widerstände in der Hand, den Erdschlußstrom mit seinen Folgen zu begrenzen, so beherrscht man den Erdschluß vollständig seit Einführung der Löschsysteme. Die Entscheidung für Nullpunktsdrosseln oder Phasendrosseln liegt wohl mehr auf wirtschaftlichem Gebiete.

Das Bayernwerk hat sich bei der Ausdehnung seines Netzes (erster Ausbau ca. 1000 km) von Anfang an für die Kompensation entschieden und diese Entscheidung im Laufe des Betriebes in keiner Weise zu bereuen gehabt. Man suchte zwar verschiedene nicht ganz geklärte Überschläge an Isolatoren während des ersten halben Betriebsjahres den Petersenspulen in die Schuhe zu schieben. Da aber seit dieser Zeit keine ähnlichen Fälle aufgetreten sind, lassen sich diese Überschläge zwanglos auf Materialfehler zurückführen, die der Betrieb in der ersten Zeit selbsttätig ausgemerzt hat. Eine spezielle Erfahrung des Bayernwerks ist das häufige Überschlagen der Stützisolatoren der Verbindungen zwischen Transformator-Nullpunkt und Petersenspule, die nur für Phasenspannung dimensioniert sind. Es ist auch nicht einzusehen, warum man, nachdem die P-Spulen selbst für verkettete Spannung isoliert ist und die Nullpunktswindungen der Transformatoren verstärkt sind, ein Glied der Kette wesentlich schwächer ausführt. Sonst haben die P-Spulen eine lange Reihe von Erdschlüssen beseitigt und besonders durch ihre Dimensionierung für Dauerbelastung (2 Stunden) es ermöglicht, bei Dauererdschluß solange die Energieversorgung durchzuführen, bis der Abnehmer anderweitig beliefert werden konnte.

Die Schutzmöglichkeiten in kompensierten Netzen.

Diese Tatsache führt uns bereits mitten in das Schutzproblem. Zur Abwehr des einpoligen Erdschlusses (der zweipolige oder »Doppelerdschluß« fällt unter den Kurzschlußschutz) stehen uns prinzipiell zwei Möglichkeiten zur Verfügung:

1. selbsttätige selektive Abschaltung der kranken Leitung durch Erdschlußrelais,
2. Anzeige der kranken Leitungsstrecke durch Erdschlußrelais, alsdann Abschaltung von Hand unter der Voraussetzung, daß der Löscher für Dauerbetrieb dimensioniert ist.

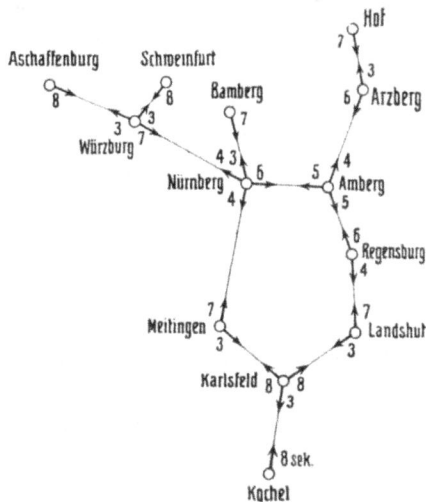

Abb. 4. Zeitstaffelung des Bayernwerk-Erdschlußschutzes.

Die automatische Abschaltung bei Erdschluß verlangt ein Selektivsystem ähnlich wie beim Kurzschlußschutz. Die Schwierigkeiten einer allgemein brauchbaren Lösung für letzteren sind bereits im ersten Teil der Arbeit auseinandergesetzt. Beim Erdschlußschutz ist das Problem infolge des geringen Rest-Wattstromes noch weit schwieriger und würde bestenfalls zu weit komplizierteren Lösungen führen. Der Erdschlußschutz des Bayernwerkes beispielsweise (s. Abb. 4; cf. auch Lit.-

Ang. 8, S. 41, sowie Lit.-Ang. 14) sieht wattmetrische Relais vor, deren Stromspulen an einer dreiphasigen Summenschaltung (Holmgreenschaltung) der Stromwandler hängen und deren Spannungsspulen die Nullpunktsspannung von den Petersenspulen oder den Wandlern der Erdschlußprüfung zugeführt wird. Diese Erdschlußrelais betätigen Zeitrelais, die die kranke Leitung nach der gegenläufigen Zeitstaffelung herauswerfen. Den früheren Ausführungen beim Kurzschlußschutz entsprechend verlangt diese einen Belastungsschwerpunkt. Infolgedessen wurde in Kochel ein Widerstand (2000 kW) eingebaut, der nach einer Dauer des Erdschlusses von 2 Sek. automatisch mit der P-Spule in Reihe geschaltet und nach weiteren 10 Sek. wieder abgeschaltet werden sollte. Damit war trotz der verteilten P-Spulen die Richtung des Wattstromes im Netz eindeutig festgelegt. Außerdem sprachen die Relais nur bei dieser Vergrößerung des Reststromes mit Sicherheit an. Löschbare Erdschlüsse sollten innerhalb der ersten 2 Sek. beseitigt sein.

Dieser Einrichtung haften folgende für den Betrieb entscheidende Nachteile an:

1. Abschaltung der kranken Leitung und damit vielfach Betriebsunterbrechung,
2. Unmöglichkeit gelöschte Erdschlüsse näher einzugrenzen,
3. Unverhältnismäßige Unsicherheit der Automatik des Widerstandes,
4. Unmöglichkeit die Anzapfungen der P-Spule zu verändern, da nur bei der größten Anzapfung die für die Relais nötige Wattkomponente erreicht wird.

Punkt 4 hätte sich durch die Wahl einer Parallelschaltung vermeiden lassen. Punkt 3 ist schon sehr bedenklich. Sucht man bereits die Zahl der Relais, die Zahl der Kontakte in ihnen auf ein Minimum zu drücken, so bildet ein Widerstand, der für Momentanbelastung dimensioniert ist, ebenso wie die Ein- und Ausschaltautomatik ein außerordentliches Gefahrmoment.

Von prinzipieller Bedeutung sind Einwand 1 und 2. Das Ziel der Betriebsführung ist es, die Zahl der Energielieferungsunterbrechungen auf ein Minimum zu beschränken. Tatsächlich ist aber in kompensierten Netzen ein, selbst mehrstündiges, Fahren im Erdschluß ohne Nachteil, auch für die Generatoren, möglich: Eine sofortige Abschaltung also in keiner Weise gerechtfertigt. Weiß man nur, wo der Erdschluß liegt, so fährt man in ihm weiter, bis man die nötigen Energieumdispositionen getroffen hat (Hochfahren von Dampfturbinen usw.). Erst dann wird die kranke Strecke von Hand abgeschaltet.

Der Betrieb benötigt also eine Erdschluß-Anzeige und Eingrenzung (s. auch Lit.-Ang. 2). Diese ist bekanntlich mit wattmetrischen Erdschlußrelais in einfacher Weise durchzuführen. Auch ohne Netzmodell (s. Lit.-Ang. 13) ist leicht einzusehen, daß der Watt-Reststrom der Fehlerstelle von allen Seiten, insbesondere aber von den beiden

nächstliegenden Stationen zufließt. Sämtliche durch die Erdschlußrelais betätigten Fallklappen weisen auf die Fehlerstelle hin. Die Mel-
dungen über gefallene Klappen werden von der Zentralstelle telephonisch
gesammelt und in ein Netzschema (cf. Abb. 4) eingezeichnet. Auf
allen gesunden Strecken kann nur e i n e (eventuell auch gar keine) Klappe
fallen, während die kranke z w e i gefallene Klappen aufweist und damit
eindeutig bestimmt ist.

Die Relais-Frage.

Der zweite Punkt unserer Kritik zielte auf die Empfindlichkeit
der Relais. Schon die Stromempfindlichkeit der bisherigen gebräuchlichen war recht gering, wenn auch die Industrie (s. das empfindliche
Erdschlußrelais der AEG) sich bemühte, diesen Mangel zu beheben.
Dagegen war die (ballistische) Zeitempfindlichkeit bisher nicht diskutiert worden. Sämtliche Relais sprachen nur auf Dauererdschlüsse an.
Die gelöschten Erdschlüsse waren zwar auf den Papierstreifen der
registrierenden Amperemeter der P-Spulen kenntlich, wohl auch durch
Hupen signalisiert, aber auf welcher Strecke des Netzes sie stattgefunden
hatten, war unbekannt. Man hat diesen Umstand, daß solche kurzzeitige
Übergänge nicht näher eingegrenzt werden konnten, den Löschsystemen
direkt zum Vorwurf gemacht. Häufig künden sich ja werdende Defekte
tagelang vorher an, ohne daß die Betriebsleitung den Versuch machen
kann, den Fehler zu beseitigen, da es unmöglich ist, das ganze Netz ab-
zusuchen. Um uns also davor zu bewahren, daß wir dem allmählichen
Isolationszusammenbruch machtlos zusehen müssen, brauchen wir Erdschlußrelais, die ballistisch derartig empfindlich konstruiert sind, daß
sie auf solche gelöschte Erdschlüsse oder »Wischer« ansprechen. Dabei
darf die Stromempfindlichkeit nicht unter den geringstmöglichen Wert
des Dauerstromes sinken.

Welches sind nun die quantitativen Bedingungen, die man von
solchen Relais verlangen muß?

Es war üblich, für die Wattkomponente des Reststroms ca. 10%
des kompensierten Erdschlußstromes zu rechnen. Um sicher zu gehen,
hat das Bayernwerk entsprechende Erdschlußversuche gemacht, bei
denen Strom und Leistungsfaktor in der Erdschlußverbindung und daraus
die Wattkomponente des Reststroms bestimmt wurde. Die 3 Versuchsreihen der Beilage 3 ergeben folgende Tabelle:

Erdschlußversuche am:		Wetter	Mittlerer Reststrom in %, des Kompensationsstroms
13. 12. 1924		bedeckt	3,10
9. 4. 1925		klare Nacht	2,80
18. 4. 1925	nachmittags	klar	3,55
	nachts	klare Nacht	3,22

2*

Trotz des günstigen Wetters ist das Resultat überraschend. Der übliche Wert ist bei nicht ausgesprochen nasser oder feuchter Witterung viel zu hoch. Sonst liegt der Reststrom bei einer 100 kV-Anlage in einer Größenordnung von 3—4% und darunter. Damit ist bei einem gegebenen Netz die Stromempfindlichkeit bestimmt.

Über die Dauer der Wischer irgendwelche experimentelle oder rechnerische Grundlagen zu erhalten, erschien nicht angängig. Immerhin war anzunehmen, daß sie bis in die Größenordnung einer Periode heruntergehen würden. Dementsprechend verlangte beispielsweise das Bayernwerk Relais, die auf einen Strom von etwa 10 mA auf der Sekundärseite (entsprechend einem Hochvoltstrom von 0,7, also rund 1 A) bei einer Dauer des Stromstoßes von einer Periode ansprechen sollten. Es möge hier gleich die Erfahrung vorweggenommen werden, daß man mit dieser letzteren Forderung nicht zu weit gegangen ist. In verschiedenen Erdschlußfällen haben nur die Petersenspulen angesprochen, während die Fallklappen der eingebauten Relais, die im Laboratorium diesen Bedingungen entsprochen hatten, nicht fielen.

Nachdem Laboratoriumsversuche bei Siemens & Halske die Bedingungen des Bayernwerks erfüllt hatten, wurden derartige Relais in den 6 Ringstationen eingebaut und während des Betriebes ausprobiert. Um jede Möglichkeit eines Kurzschlusses auszuschließen, wurde nur eine Phase aus einem Reservefeld herausgeführt und außerdem die Ölschalter-Fernbetätigung neben der ganzen Anordnung aufgebaut. Tatsächlich kam auch bei 3 Versuchsreihen im Abstande von jeweils mehreren Wochen nichts Störendes vor. Mit Hilfe von ganz dünnen Drähten (bis 0,05 Durchmesser), die man über eine Isolatorenkette fallen ließ, wurden Erdschlüsse bis zu einer Minimaldauer von 2½ Perioden (nach Oszillogramm) erzeugt. Die Drähte brannten, solange der Lichtbogen gelöscht wurde, mit einem kurzen scharfen Knall durch. Die Relais sprachen in allen Fällen lebhaft an, selbst wenn ihnen bei geschlossenem Ring nur ein Bruchteil des Reststromes zur Verfügung stand.

Bei der großen Empfindlichkeit dieser Relais ist eine Trennung des Erdschlußschutzes von den anderen Schutz- und Meßeinrichtungen unbedingt anzustreben. Es ist dies leicht möglich, da die Relais (bei einer Impedanz von 2 Ohm) eine sehr geringe Energie verbrauchen. Sehr wichtig ist die Kontrolle auf genaue Abgleichung der Wandlerübersetzungsverhältnisse bzw. Charakteristiken. Es empfiehlt sich, die Relais nach Einbau mit einer Hilfsspannung auszuprobieren. Daß auch hier, wie schon beim Kurzschlußschutz betont, eine staub- und luftdichte Ausführung erfolgen muß, bedarf keiner weiteren Begründung.

Zur Löschfähigkeit des Lichtbogens.

Die erwähnten Lichtbogenversuche des Bayernwerks ergaben die seltene Möglichkeit, die Löschfähigkeit des Lichtbogens in einem 100 kV-

Netz zu untersuchen. Nach Beendigung der Relaisversuche wurde die Kompensation des Netzes in derselben Anordnung, wie vorher, soweit verändert, bis sowohl nach oben, wie nach unten ein Stehenbleiben des Lichtbogens erreicht wurde. Die erzielten Werte sind folgende (s. auch Beilage 3, Versuch vom 9. April 1925):

Versuch Nr.	Eingestellte Spulenströme auf 100 kV bezogen Amp.	Kompensation in % bezogen auf		Bemerkung Lichtbogen:
		die Spuleneinstellung	die Rechnung	
23	290	+ 18	+ 20	steht
24	273	+ 11	+ 13	noch abgerissen
25	255	+ 4	+ 6	zerknallt
26	246	± 0	+ 2	zerknallt
27	228	— 8	— 6	zerknallt
28	210	— 15	— 13	noch abgerissen
29	200	— 19	— 17	steht

Während also bei kleineren Netzen eine Löschfähigkeit bis zu einer Fehlkompensation von ± 30% angegeben wird, kann hier nur von einer Löschung innerhalb bestenfalls ± 15% gesprochen werden. Wie anzunehmen, spielt eben die absolute Höhe des Reststromes eine wesentliche Rolle. Es liegt die Vermutung nahe, daß es bei noch größeren durch Isoliertransformatoren nicht unterteilten Netzen eine Grenze gibt, wo der Lichtbogen auch bei vollkommener Kompensation nicht mehr erlischt. Um auch hier eine sichere Löschung zu erreichen, müßte man die erdgeschlossene Phase mit Hilfe eines Ölschalters, z. B. über ein Nullspannungsrelais, kurzzeitig an Erde legen. Es würde genügen, an einer Stelle des Netzes 3 einphasige Schalter zu diesem Zweck vorzusehen.

III. Die Fehlerortsbestimmung auf Hochspannungs-Freileitungen.

Sobald im Hochspannungsnetz ein Fehler aufgetreten ist, wird er durch die lückenlose Schutzkette — wenn sie funktioniert! — oder durch Probieren zwischen 2 Ölschalter, das bedeutet bei Freileitungsdefekten zwischen die beiden benachbarten Schaltstationen, eingegrenzt. Die Entfernung zwischen diesen ist bereits bei Mittelspannungen recht erheblich, sie liegt bei den 100 kV-Netzen in der Größenordnung von 100 km und wird bei den geplanten Übertragungen mit 220 kV wenigstens doppelt so groß sein.

Damit erwächst der Betriebsführung eine weitere Aufgabe:

Die genaue Ermittlung des Fehlerorts.

Diese erfolgt bislang mangels einer brauchbaren Meßmethode durch Absuchen der Leitung, durch Beobachtung. Es ist ohne weiteres klar, wie zeitraubend diese Ermittlungen sind, so sehr man sich bemüht, durch Kraftwagen, Heranziehen der Bevölkerung usw. usw. den Streckengänger zu unterstützen. Beispielsweise dauerte die Ermittlung von 8 der 19 Freileitungsstörungen des Bayernwerks im Jahre 1924 108 Stunden, oder im Mittel 13½ Stunden. In einem besonders krassen Fall (undurchdringlicher Nebel, Schneelage, große Kälte) wurde ein einphasiger Erdschluß in 6 km Entfernung von der Schaltstation erst nach 30 Stunden gefunden. Auch die Unterteilung der Strecke durch Trennschalter ist, abgesehen von ihrem geringen Erfolg, nicht anzuraten, da die Unzuverlässigkeit der Kontakte zu Verschraubungen zwingt und damit den Zweck der Einrichtung vereitelt.

Diese Andeutungen sollen lediglich die Dringlichkeit einer Meßmethode erweisen, die von der Schaltstation aus vorgenommen werden kann. Der Betrieb wird an sie folgende Bedingungen knüpfen:

1. Möglichste Genauigkeit, d. h. Eingrenzung auf 1 oder 2 Mastfelder, also eine Strecke von etwa 500 m, das ist bei 50 km Fehlerabstand etwa 1%,
2. Einfachheit der Bedienung: Verwendung von Schaltwärtern, d. h. meßtechnisch ungeschultem Personal,
3. allseitige Verwendbarkeit für sämtliche vorkommenden Defekte (Zeit- und Kostenfrage).

Zur Beurteilung dieser Forderungen sowie der meßtechnischen Möglichkeiten wollen wir die denkbaren Fehler in die folgenden 8 Gruppen zusammenfassen:

1. Erdschluß einer Phase ohne Leitungsunterbrechung (z. B. Isolatorenkette gerissen, Leitungsseil liegt auf der unteren Masttraverse auf),
2. Reißen einer Phase: beide Enden an Erde,
3. Reißen einer Phase: ein Ende an Erde, ein Ende isoliert,
4. Trennung der Leitung mit 2 isolierten Enden,
5. zweipoliger Erdschluß nach einer der Möglichkeiten 1—3,
6. metallischer Kurzschluß von 2 oder 3 Phasen,
7. dasselbe, verbunden mit Erdschluß (z. B. 2 Seile liegen auf der Traverse),
8. aussetzender Erdschluß, der nur bei Betriebsspannung einsetzt, z. B. bei Zerstörung eines Gliedes einer Isolatorenkette.

Mit Rücksicht auf die Einfachheit der Bedienung scheiden vom Betriebsstandpunkt ballistische Methoden aus, ebenso vom meßtechnischen Brücken- und Kompensationsmethoden: Bei Verwendung von Gleichstrom wegen der Polarisationserscheinungen, bei Verwendung von Wechselstrom wegen der Störung durch die geringsten Induktionsspannungen von benachbarten Leitungen. Für beide Stromarten gilt die Veränderung der physikalischen Bedingungen (z. B. Übergangswiderstand) bei ganz schwachen Strömen.

In nächster Linie würde man nun an Widerstandsmessungen denken. Die Messung des Ohmschen Widerstandes führt ja bei Kabeln fast durchwegs zum Ziel. Leider läßt sich aber der hier normale Fall: Schluß einer Ader mit dem Kabelmantel nur mit der Fehlergruppe 1 (bzw. 5) — z. B. Aufliegen einer Phase auf der Traverse — vergleichen. Auch bei Gruppe 6 kann eine Widerstandsmessung Erfolg haben, soweit nämlich der Übergangswiderstand am Fehlerort zu vernachlässigen ist. In allen anderen Fällen ist der unbekannte Übergangswiderstand zwischen Leiter- und Erde — trotz der vielen verfügbaren Gleichungen — nicht zu trennen vom gesuchten Leitungswiderstand bis zum Fehlerort. Eine Schätzung kommt nicht in Frage, da der Leitungswiderstand einer 100 km langen 120 mm^2 Aluminiumleitung beispielsweise rund 26 Ohm, bei Kupfer rund 15 Ohm beträgt, während der Übergangswiderstand zur Erde etwa zwischen 25 und 250 Ohm schwankt.

Prüft man die Fehlergruppen auf ihre allgemeinen elektrischen Kriterien, so zeigt es sich, daß sie sich sämtlich — mit Ausnahme von Gruppe 8, die noch gesondert besprochen wird — entweder als fast reiner Kurzschluß- oder Leerlauffall betrachten lassen. Die zu untersuchende Leiterschleife kann dabei aus der kranken Phase und Erde oder aus der kranken Phase und einer gesunden gebildet sein. In beiden Fällen sind die Eigenarten des Stromkreises viel weniger durch die Ohmschen Widerstände charakterisiert als vielmehr durch das elektrische bzw. magnetische Feld. Diese Überlegungen führen uns zur Heranziehung der weiteren Leitungskonstanten: Kapazität und Induktivität. Wir können sie beide verbunden durch Resonanzmethoden messen oder nach Art der Konstantenberechnung allgemeiner elektrischer Kreise durch eine Leerlauf- und Kurzschlußmessung.

Resonanzmethoden.

Resonanzmethoden auf hochfrequenter Grundlage sind bereits mehrfach vorgeschlagen worden. In der Praxis scheiterten sie bisher an ihrer Kompliziertheit und der Spezialität ihres Anwendungsgebietes. Zu ihrer prinzipiellen Würdigung genügt es, auf ihre einfachste Form näher einzugehen, wie sie von Telefunken beim Bayernwerk ausprobiert wurde.

Der zugrundeliegende Gedanke ist, das Schwingungsgebilde Leitung — Erde mittels eines Senders anzustoßen und dabei die aufgenommene Stromstärke zu messen. Ihr Maximum liefert eine Resonanzfrequenz. Da nun die Leitung in ihren sämtlichen Oberwellen schwingen kann, läßt sich mit einem Wellenmesser innerhalb eines relativ kleinen Skalenbereichs eine Reihe von solchen Resonanzpunkten aufnehmen. Zwischen den Wellenlängen (λ), ihrer Ordnungszahl ($1, 2, \ldots m, n$) und der Leitungslänge (l), lassen sich nun je nach den beiden Grenzfällen — Widerstand am Ende der Schleife $R = \infty$: Totale Reflexion mit gleichem Vorzeichen, reiner Leerlauf und $R = 0$: Totale Reflexion mit negativen Vorzeichen, reiner Kurzschluß — die einfachen Beziehungen ableiten:

1. $R = \infty$; Grundwelle $\lambda_1 = \dfrac{4}{1} l$ $\qquad$ 2. $R = 0$; Grundwelle $\lambda_1 = \dfrac{4}{2} l$

$\qquad$ 1. Oberwelle $\lambda_2 = \dfrac{4}{3} l$ $\qquad\qquad$ 1. Oberwelle $\lambda_2 = \dfrac{4}{4} l$

$\qquad$ 2. Oberwelle $\lambda_3 = \dfrac{4}{5} l$ $\qquad\qquad$ 2. Oberwelle $\lambda_3 = \dfrac{4}{6} l$

$\cdots\cdots\cdots\cdots\cdots$ $\qquad\qquad$ $\cdots\cdots\cdots\cdots\cdots$

m te Oberwelle $\lambda_n = \dfrac{4l}{2n-1}$ $\qquad$ m te Oberwelle $\lambda_n = \dfrac{4l}{2n}$

Es wird also:

$$\lambda_m = \frac{4l}{2m-1}; \ \lambda_n = \frac{4l}{2n-1} \qquad \lambda_m = \frac{4l}{2m}; \ \lambda_n = \frac{4l}{2n}$$

$$\frac{1}{\lambda_m} - \frac{1}{\lambda_n} = \frac{2m-1-2n+1}{4l} = \frac{m-n}{2l} \qquad \frac{1}{\lambda_m} - \frac{1}{\lambda_n} = \frac{m-n}{2l}$$

der

$$l = \frac{m-n}{2} \cdot \frac{\lambda_m \cdot \lambda_n}{\lambda_n - \lambda_m}; \ \text{Dimension} \left| \frac{m \cdot m}{m} \right| = \text{Meter}.$$

Wie zu erwarten, ist die Größe des Widerstandes ohne Einfluß auf die Frequenz. Sie ist dagegen wesentlich für die Dämpfung. Bekanntlich wird für $R =$ Wellenwiderstand die ganze zugeführte Energie im Widerstand vernichtet. Die Stromaufnahme ist dann unabhängig von der Frequenz. Der Wellenwiderstand einer 100 kV-Freileitung liegt in der Größenordnung von 500 Ohm. Die Erdübergangswiderstände in einer solchen von 200 Ohm. In den meisten Fällen werden deshalb die Resonanzkurven so flach, daß die Genauigkeit sehr gering wird. Eine weitere Voraussetzung für unsere einfachen Beziehungen ist die Unterbrechung der kranken Phase, da sonst am Fehlerort nur Teilreflexionen stattfinden und, abgesehen von der Genauigkeit, eine Entfernung errechnet wird, die abhängig von der Größe des Übergangswiderstandes zwischen Fehlerort und Leitungsende liegt. Beispielsweise wurde bei einem entsprechenden Versuch (Übergangswiderstand = 1000 Ohm) ungefähr die volle Entfernung bis zum nächsten Umspannwerk ermittelt. Versuche der sächsischen Werke führten zu ähnlichen Ergebnissen.

Eine genauere Erfassung durch Rechnung wird besonders durch die Koppelung der anderen Phasen erschwert. Bekanntlich wächst ja der Erdwiderstand proportional der Frequenz, während der Widerstand von Runddrähten nur mit ihrer Wurzel zunimmt. Dadurch beträgt bei einer Frequenz von 300000 der Widerstand der Kupferleitung nur etwa den 60. Teil des Erdwiderstandes.

Aus diesen Gründen wurde die Resonanzmethode bei Kurzschlußfällen nicht weiter verfolgt. Dagegen ergaben die in Beilage 6 aufgeführten Messungen für Leerlauffälle ein vollkommen befriedigendes Resultat. Die geringe Genauigkeit ist durch die Behelfsmäßigkeit der Apparatur (Wellenmesser) zu erklären und könnte erforderlichenfalls auf einen zufriedenstellenden Wert gebracht werden.

Der einzige Fall, bei dem man gerne zu Resonanzmethoden greifen möchte, ist Gruppe 8: aussetzender Erdschluß, der nur bei Betriebsspannung einsetzt. Man hat hier versucht, die Züge von Wanderwellen, die diese Fehler im Entstehen, also vor dem Überschlag aussenden, zur Fehlerortsbestimmung heranzuziehen. Das Bayernwerk hat Versuche mit solchen Anordnungen im Verein mit Telefunken durchgeführt, ohne jedoch praktische Ergebnisse zu erzielen. So muß man sich vorderhand begnügen, diese Fehler nicht im Entstehen erfassen zu können, sondern zu warten, bis es zur Zertrümmerung der Isolatorenkette kommt; es sei denn man scheut nicht die Anschaffungskosten für einen entsprechend leistungsfähigen Hilfstransformator für die Betriebsphasenspannung, wie er in einigen schwedischen Netzen mit strahlenförmiger Netzanordnung im Gebrauche ist. Sonst kann man nur auf die vielfach geübte Praxis hinweisen, an Sonntagen einige Stunden im Erdschluß zu fahren und dabei die schwachen Stellen der Freileitungen durch Ausbrennen festzustellen und sofort auszubessern. Gerade in diesem Fall ist natürlich eine schnelle und genaue Fehlerortsbestimmung besonders dringlich.

Leerlauf- und Kurzschlußmessung[1]).

Aus diesen beiden Messungen kann man bekanntlich die 4 Fundamentalkonstanten allgemeiner Stromkreise: Ohmscher Widerstand, Ableitung, Induktivität und Kapazität berechnen. Die Unmöglichkeit, den Ohmschen Widerstand zu verwenden, ist bereits erwähnt, aber auch die Ableitung ist wegen ihrer Inkonstanz unbrauchbar; es bleibt also noch Induktivität und Kapazität, auf die wir bereits durch die allgemeinen elektrischen Eigenschaften des Kreises hingewiesen worden sind.

Kurzschluß und Leerlauf unterscheiden sich offenbar lediglich durch die Größe des Übergangswiderstandes, der im ersten Falle einige bis einige 100 Ohm (Erfahrungswert etwa bis maximal 250 Ohm), im letzteren Falle etwa 100 Meg-Ohm beträgt. Zur Abgrenzung der beiden Gebiete wollen wir die meßbare Impedanz $G = \dfrac{\text{Spannung am Ableseort } P_1}{\text{Strom am Ableseort } J_1}$ als Funktion des Übergangswiderstandes W untersuchen.

Das Spezifikum der langen Leitung sind die verteilten Konstanten. Sie hängen bekanntlich mit Strom und Spannung durch hyperbolische Funktionen zusammen. Bezeichnen wir noch mit: P_2 und J_2 Spannung und Strom am Fehlerort, l die Länge in km, $Z = \sqrt{\dfrac{r+jx}{\varrho+j\zeta}}$ den sogenannten Wellenwiderstand, $\nu = (r+jx)(\varrho+j\zeta)$ eine weitere Konstante und r, x, ϱ und ζ die 4 Fundamentalkonstanten, Ohmscher Widerstand, Induktivität, Ableitung und Kapazität, so lauten die sogenannten Gleichungen der langen Leitung:

$$P_1 = P_2 \cosh \nu l + J_2 \cdot Z \sinh \nu l \ldots \ldots \ldots \text{(1)}$$

$$J_1 = J_2 \cdot \cosh \nu l + J_2 \cdot \frac{1}{Z} \sinh \nu l \ldots \ldots \ldots \text{(2)}$$

Setzen wir nun

$$P_2 = J_2 \cdot W \ldots \ldots \ldots \ldots \ldots \text{(3)}$$

so gehen Gleichung (1) und (2) über in:

$$P_1 = J_2 (W \cosh \nu l + Z \sinh \nu l) \ldots \ldots \ldots \text{(4)}$$

$$J_1 = J_2 \left(\cosh \nu l + \frac{W}{Z} \sinh \nu l \right) \ldots \ldots \ldots \text{(5)}$$

Durch Division erhalten wir die meßbare Impedanz zu

$$G = \frac{P_1}{J_1} = \frac{W \cosh \nu l + Z \sinh \nu l}{\cosh \nu l + W/Z \sinh \nu l} = \frac{W + Z \tanh \nu l}{1 + W/Z \tanh \nu l} \cdot \text{(6)}$$

---

[1]) Das Verfahren ist zum D.R.P. angemeldet. Erfinder: Dr.Ing. P. Bernett; R. Arnold. Eigentümer: Bayernwerk A.-G.

Zur weiteren Auswertung entwickeln wir die hyperbolische Tangente in eine Reihe:

$$\tangh \nu l = \nu l - \frac{(\nu l)^3}{3} + \left[\frac{2}{3 \cdot 5} (\nu l)^5 - \ldots\right] \quad \ldots \ldots \quad (7)$$

Bis zu einer Entfernung von 500 km ist diese Reihe, wie man sich durch Ausrechnung eines Zahlenbeispiels (s. folgende Seiten) sofort überzeugen kann, stark konvergent, so daß wir uns mit den beiden ersten Gliedern begnügen können und finden:

$$G = \frac{W + Z \nu l \left(1 - \dfrac{(\nu l)^2}{3}\right)}{1 + W/Z \, \nu l \left(1 - \dfrac{(\nu l)^2}{3}\right)} \quad \ldots \ldots \ldots \quad (8)$$

oder, auf die Fundamentalkonstanten zurückgreifend und als die Leitungsimpedanz $g = l \, (r + j x)$ und als Leitungsadmittanz $\gamma = l \, (\varrho + j \zeta)$ einführend:

$$G = \frac{W + g \, (1 - g \, \gamma/3)}{1 + W \, (1 - g \, \gamma/3)} \quad \ldots \ldots \ldots \quad (9)$$

Eine allgemeine Weiterentwicklung dieser Gleichung führt wegen des komplexen Nenners nur zu unübersichtlichen Resultaten. Um uns aber ein Bild von der Form der Funktion G in Abhängigkeit vom Übergangswiderstand W zu machen, wollen wir ein Zahlenbeispiel für die Frequenz $f = 50$, die Entfernung $l = 100$ km und eine ausgeführte 100 kV-Leitung (Bayernwerk) mit folgenden Konstanten:

$$r = 0,25, \quad x = 0,7 \text{ Ohm}, \quad \varrho = 0,1 \cdot 10^{-6}, \quad \zeta = 2,6 \cdot 10^{-6} \text{ Siem/km}$$

durchrechnen. Wie noch gezeigt wird, sind die Korrektionen der Störungsglieder $1 - g \, \gamma/3$ bis 100 km außerordentlich gering, so daß wir der Rechnung die einfache Form: $G = \dfrac{W + g}{1 + W \gamma}$ zugrunde legen können. Wir spalten noch G in seinen reellen Teil: die meßbare Reaktanz R und komplexen Teil: die meßbare Reaktanz X und erhalten Abb. 5, die nach der folgenden Tabelle gezeichnet ist:

W_Ω	0	10^2	$3 \cdot 10^2$	$5 \cdot 10^2$	10^3	$3 \cdot 10^3$	$5 \cdot 10^3$	10^4	10^5	10^6	∞
R_Ω	25	127	328	524	960	1790	1755	1240	256	142,5	127,5
X_Ω	$+ 70$	66,3	42,9	$- 3,1$	$- 197$	$- 1400$	$- 2275$	$- 3090$	$- 3550$	$- 3560$	3565

Leerlauf.

Für den reinen Leerlauf ($W = \infty$) vereinfacht sich Gleichung 9 zu:

$$G_0 = \frac{1}{\gamma \, (1 - g \gamma/3)} \quad \text{bzw.} \quad \Gamma_0 = \gamma \cdot (1 - g \gamma/3) \quad \ldots \ldots \quad (11)$$

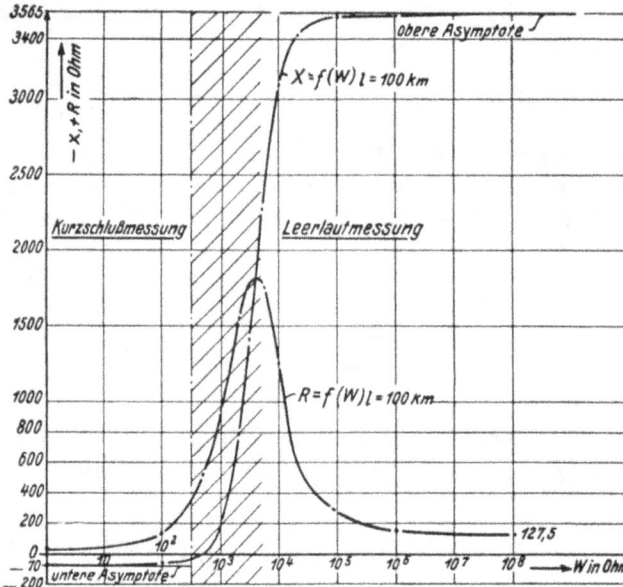

Abb. 5. Meßbare Reaktanz X und Resistanz R in Abhängigkeit des Übergangswiderstandes X für die Entfernung $l = 100$ km.

Wo Γ_0 die meßbare Leitungsadmittanz bezeichnet. Greifen wir wieder
auf unser Zahlenbeispiel zurück, so ergibt sich die prozentuale Änderung
der beiden Schutzkomponenten, Ableitung und Kapazität, in Abhängigkeit von der Entfernung zu:

Entfernung in km		50	100	200	500
Prozentuale Änderung der	Ableitung .	1,95	7,8	31,2	19,5
	Kapazität .	0,16	0,64	2,56	16,0

Rechnet man bereits bei 100 kV mit einem Verhältnis von Ableitung
zu Kapazität wie $1 : 28$, so ist anzunehmen, daß bei der Meßspannung
von 220 V die Ableitung noch viel geringer ist und demnach vollständig
vernachlässigt werden kann. Auch die Korrektur der Kapazität ist bis
zu 100 km verschwindend klein, so daß sich für praktische Zwecke die
Gleichung des Leerlaufs vereinfacht zu:

$$J_{10} = P_{10}\, j\, \zeta\, l \ldots \ldots \ldots \ldots (12)$$

d. h. der Ladestrom ist bei konstanter Spannung lediglich der Länge
proportional oder eine einfache Strommessung läßt uns den Fehlerort
bestimmen.

Von Wichtigkeit ist die Feststellung, ob die Kapazität zeitlich
konstant ist. Die theoretischen Unterlagen für ihre Berechnungen sind

ja bekannt und bewährt. Eine Veränderung können lediglich Bäume, Gras, Getreide, d. h. irgendwelche Umgestaltungen der Pflanzendecke ihres Feuchtigkeitsgehaltes usw. verursachen, dadurch daß der räumliche Abstand zwischen Leitung und Erdpotential sich verschiebt.

Ist ohne Berücksichtigung des Erdseils die Kapazität einer Phase gegen Erde

$$C = \frac{\text{Constante}}{\log \dfrac{2h}{a}} \quad [h = \text{Erdabstand, } a = \text{Seilradius}],$$

so wird bei einer Änderung der Höhe um x m:

$$C = \frac{1}{\log \dfrac{2}{a}(h \pm x)} = \frac{1}{\log \dfrac{2h}{a}\left(1 \pm \dfrac{x}{h}\right)} = \frac{1}{\log \dfrac{2h}{a} + \log \dfrac{h \pm x}{h}} = \frac{1}{\log \dfrac{2h}{a} + \varDelta}.$$

Damit ergibt sich folgende Tabelle:

x_{cm}	$\dfrac{h-x}{h} = x$ in $\%$	$\log \dfrac{h-x}{h}$	$\varDelta$ in $\%$[1])
100	94,6	— 0,025	— 0,67
200	89,0	— 0,051	— 1,32
600	66,2	— 0,176	— 4,75

Da die bei Verringerung des Abstandes negative Fehlergröße im Nenner steht, nimmt die Kapazität selbst um $\varDelta$ zu. Wie wir sehen, liegt eine Änderung, wie sie durch die Pflanzendecke bedingt sein kann, in der Größenordnung von einigen Prozent. Für die Fehlermessungen ist dies insofern von Wichtigkeit, als man unter diesen Umständen nicht mit einem Absolutwert rechnen kann, sondern auf einen Vergleichswert (Messung einer gesunden Phase) angewiesen ist. Eine solche ist in allen reinen Leerlauffällen möglich. Umgekehrt wäre es von großem Interesse, durch solche Messungen an gesunden Leitungen Erfahrungen über die zeitliche Konstanz der Kapazität sammeln zu können (vgl. Erdschluß-kompensation, S. 21). Die Größenordnung der zu erwartenden Lade-ströme ist unter der Voraussetzung, daß uns, wie allgemein üblich, eine Wechselstromspannung von 220 V zur Verfügung steht, im Bayernwerks-Beispiel folgende:

(120 mm² Tannenbaumform über die Abmessungen, s. Lit.-Ang. 8, S. 5.) Die Kapazität einer Phase gegen Erde liegt unter Berücksichtigung des Blitzseiles je nach der Phase zwischen den Werten 0,0055 und 0,006 × 10⁻⁶ F/km, d. h. bei 100 km, 220 V und 50 Perioden wird der Ladestrom $J_c = 38$ (41,5) mA.

---

[1]) Für $h = 1800$ cm $\left.\right\}$ (Bayernwerk) wird $\log \dfrac{2h}{a} = 3,711$.
  $a = 0,7$ cm

Kurzschluß.

Für den reinen Kurzschluß ($W = 0$) ergibt sich aus Gleichung (9):

$$G_k = g\,(1 - g\,\gamma/3)$$

und die Korrektur für unser Zahlenbeispiel in Abhängigkeit von der Leitungslänge zu:

Entfernung in km		50	100	200	500
Prozentuale Änderung der	Reaktanz . .	0,14	0,55	2,2	13,75
	Resistanz . .	0,33	1,3	5,3	33,1

Sind die Übergangswiderstände W gering, so kann in Gleichung (9) der komplexe Nenner leicht beseitigt werden, und es ergibt sich:

$$G = W + g\,(1 - g\,\gamma/3) - W^2 \cdot \gamma\,(1 - g\,\gamma/3) -$$
$$- W g \cdot (1 - g\,\gamma/3) \cdot \gamma \cdot (1 - g\,\gamma/3) \;\; \ldots \;\; (13)$$

Da die dieser Arbeit zugrunde liegenden Messungen außerordentlich geringe Übergangswidertsände und dementsprechend nur Beeinflussungen innerhalb der Meßgenauigkeit ergeben hatten, wurden die durch den Übergangswiderstand hervorgerufenen Fehler nicht verfolgt[1]).

Unter eventuell nachträglicher Berücksichtigung der obigen Tabelle setzen wir demnach:

$$G_k = R + j\,X = \frac{P_{1k}}{J_{1k}} = l\,(r + j\,x).$$

Zur Vereinfachung der Messung zergliedern wir die Vektorgleichung in Komponenten:

$$\frac{P_{1k} \cdot \cos\varphi}{J_{1k}'} = \frac{(P_{1k} \cdot J_{1k} \cdot \cos\varphi)}{J_{1k}{}^2} = \frac{N_r}{J_{1k}{}^2} = r\,l = R \;\; \ldots \;\; (14)$$

und

$$\frac{P_{1k} \cdot \sin\varphi}{J_{1k}} = \frac{(P_{1k} \cdot J_{1k} \cdot \sin\varphi)}{J_{1k}{}^2} = \frac{N_s}{J_{1k}{}^2} = x\,l = X \;\; \ldots \;\; (15)$$

wo φ den Winkel zwischen P_{1k} und J_{1k}, N_r und N_s die meßbare Wirk- und Blindleistung bezeichnen.

Die Ausführung der Messung erfolgt am einfachsten mit Amp.- Meter, Blindwattmeter und Wattmeter. Mit Hilfe eines Voltmeters können wir das Blindwattmeter dadurch kontrollieren, daß wir

$$N_s = \sqrt{(P\,J)^2 - N_r{}^2}$$

---

[1]) Weitere gemeinsam mit Herrn Dr. Arnold und der Firma Siemens & Halske durchgeführte Messungen und Untersuchungen haben eine exakte Lösung des Problems für beliebige Übergangswiderstände gezeigt. Durch Feststellung der meßbaren Reaktanz X und Resistanz R ist aus einer Tabelle die Lage l (und auch der Übergangswiderstand W) eindeutig zu entnehmen. Der meßtechnische Teil der Methode liegt in den Händen von S. & H.

berechnen, und zwar solange der Winkel φ nicht zu klein wird. In diesem Falle würde die Ungenauigkeit durch Meßfehler zu groß

$$\left(\text{Fehler } \varDelta = \sqrt{\frac{PJ - N_r}{\Sigma \text{ Meßfehler}}}\right).$$

Der Winkel φ schwankt in weiteren Grenzen. Ist der Übergangswiderstand $\cong 0$, so ist er gleich dem Kurzschlußwinkel der Leitung, also $\varphi = 59^0$ (Al) bzw. 71^0 (Cu); bei großem Übergangswiderstand beträgt er nur einige Grade, z. B. für $R = 250$ Ohm, Leitungslänge $l = 30$ km wird $\varphi \cong 3^0$. Diese Größen sind bei Auswahl bzw. Bau der Blindwattmeter zu beachten; unter Umständen könnte man mit einem Vorschaltwiderstand, der für praktische Fehlerortsmessungen sowieso zur Strombegrenzung benötigt wird, immer auf einen annähernd ähnlichen Winkel abgleichen.

Die theoretischen Unterlagen für die Berechnung der Induktivität Phase — Phase X_p sind bekannt und bewährt. Sie werden durch die folgenden Messungen im wesentlichen bestätigt. Die Rechnungswerte liegen unter den gemessenen: bei der einen Versuchsreihe (s. Beilage 5 A, 1) um 4,3%, bei der anderen (s. Beilage 5 A, 7) um 8,5%.

Dagegen hat man sich bislang für die Induktivität Phase — Erde X_e weniger interessiert. Man findet wohl in der Starkstromtechnik oder in Fränkel (Theorie der Wechselströme) 2 Formeln, die unter der Voraussetzung, daß die Erde durch einen am Boden liegenden Draht bzw. durch eine Platte von unendlicher Ausdehnung ersetzt werden kann, abgeleitet sind. Beide Formeln liefern Ergebnisse, die sich bei einer 100 kV-Leitung (Bayernwerksleitung) etwa wie 1:2 verhalten (s. unten). Bei Beginn der folgenden Versuchsreihen kam man der Wirklichkeit durch das Mittel aus beiden Formeln ziemlich nahe. Inzwischen sind jedoch von Rüdenberg und Mayr Untersuchungen veröffentlicht worden, die unter der Einführung der Erde als Platte bzw. Kugel und Berücksichtigung der Stromverdrängung zu ganz anderen Resultaten kommen. Diese scheinen sowohl unserer physikalischen Vorstellung wie der Wirklichkeit zu entsprechen. Ein Vergleich zeigt die folgenden Unterschiede:

Formeln von	X in Ohm pro Schleife und 100 km für $f = 50$	
	allgemein	Bayernwerksbeispiel
Starkstrom-technik . .	$= f\pi\left(2\ln\dfrac{2h}{a}+0,5\right)$	$= 314\left(2\ln\dfrac{2400}{0,7}+0,5\right)=53$
Fränkel . . .	$= f\pi\left(4\ln\dfrac{h}{a}+0,5\right)$	$= 314\left(4\ln\dfrac{1200}{0,7}+0,5\right)=96$
O. Mayr . . .	$= f\pi\left(2\ln\dfrac{56}{\omega\cdot r}\,1{,}25^1)\cdot10^5-1{,}154\right.$ $\left.+\,0{,}5\right)$	$= 314\left(2\ln\dfrac{1{,}25}{0{,}7}\cdot10^5-0{,}654\right)$ $= 74$

[1] spezif. Widerstand.

Rüdenberg ist deshalb nicht zum Vergleich herangezogen, weil er nur die Induktivität in der Erde formuliert; doch ergibt sich nach seinen Textangaben in dem ETZ-Aufsatz (s. Lit.-Ang. 11) ein ähnlicher Wert wie bei Mayr ($0,88 \times 3 = 2,64 \times 10^{-3}$ H/km zu $2,36 \times 10^{-3}$ H/km nach Mayr).

Zum selben Ergebnis kommt die Doktordissertation von W. Lühr (1923 in Darmstadt), der auf der Leitung Friedrichsfelde—Trattendorf einen Mittelwert von 72,7 Ohm für 100 km ermittelt. Der Mittelwert der Versuchsergebnisse des Bayernwerks liegt um 70 Ohm.

Eine wesentliche Rolle spielt in diesen Formeln der spezifische Widerstand. Während nach Rüdenberg dieser je nach Feuchtigkeit und Salzgehalt zwischen 5×10^3 und 10^5 Ohm cm schwanken soll, rechnet Mayr mit einem konstanten Wert von $1,25 \times 10^5$, den er selbst aber auf Grund seiner Messungen um 5,5 % verändert. Nach den vorliegenden Messungen scheint die Annahme von Mayr mit einer Änderung in der Größenordnung, wie er sie selbst vorgenommen hat, der Wirklichkeit zu entsprechen. Für unsere Kurzschlußmessung ist die Frage nach der örtlichen und zeitlichen Konstanz insofern von Bedeutung, weil die Messung mit einem Absolutwert natürlich wieder viel einfacher wäre. Auch ohne Kenntnis der erwähnten Formeln war diese eventuelle Abhängigkeit von der Bodenbeschaffenheit sehr wahrscheinlich. Im Sommer 1925 wurden deshalb, so oft es der Betrieb erlaubte, Messungen an der Bayernwerksleitung Karlsfeld—Landshut vorgenommen. Die Einzelmessungen sind in Beilage 5 zusammengefaßt. Das Ergebnis ist folgendes:

Versuch am:	Mittelwert von X_e (Schleife)						Mittelwert von X_p (Schleife)	
	$X_{eI} = \dfrac{N_x}{J^2}$			$X_{eII} = \dfrac{\sqrt{(E \cdot J)^2 - N_r^2}}{J^2}$				
	Ohm	Ohm/100 km	± %	Ohm	Ohm/100 km	± %	Ohm	Ohm/100 km
4. 5. 25	43,5	69,1	1,4	—	—	—	55,5	88,2
22. 5. 25	42,3	67,3	0,4	—	—	—	—	—
22. 5. 25	42,2	67,0	0,5	—	—	—	—	—
23. 5. 25	42,3	67,3	0,5	—	—	—	—	—
5. 8. 25	43,5	69,1	0,2	44,7	71,0	0,3	—	—
18. 8. 25	44,5	70,6	1,8	44,5	70,6	0,8	—	—
24. 8. 25	44,7	71,0	1,3	45,3	72,0	1,0	57,7	91,6

$$M(X_{eI}) = 43,3 \text{ bzw. } 68,8 \pm 3,1 \%,$$
$$M(X_{eII}) = 44,8 \quad » \quad 71,1 \pm 1,2 \%,$$
$$M(X_p) = 56,6 \quad » \quad 89,9 \pm 1,9 \%.$$

d. h. man kann nicht mit einem Absolutwert rechnen. Über die etwaige Periodizität der Änderungen kann erst bei jahrelanger Beobachtung ein

Urteil gefällt werden. Jedenfalls sind die festgestellten Änderungen groß genug, um eine Vergleichsmessung notwendig zu machen.

Ein 2. Punkt, der der Aufklärung bedurfte, war der Einfluß des Blitzseiles und die eventuelle Abhängigkeit von der Phasenlage (Abstand vom Erdboden). Während in die früheren Formeln die Höhe einging, ist sie in der Formel von Mayr überhaupt nicht mehr vorhanden (bei der Vorstellung von dem kilometerbreiten Stromband sehr einleuchtend). Für die Fehlerortsmessung ist sie wegen der Verdrillung von Bedeutung. Prinzipiell wäre ihr Einfluß durch Korrektion leicht zu berücksichtigen, würde aber der Einfachheit der Methode Abbruch tun.

Der Einfluß des Blitzseiles wird von keinem der beiden zuletzt zitierten Autoren berücksichtigt. Die exakte Berücksichtigung derselben ergibt einen recht komplizierten, unsymmetrischen Kettenleiter, der, soweit bekannt, mathematisch noch nicht erfaßt ist.

Das Erdseil stellt einen Nebenschluß zur Erde dar, sein Anteil ist also proportional seiner Leitfähigkeit. Würde das Erdseil den ganzen Strom führen, so würden sich für die Induktivität X je nach dem Phasenabstand folgende Werte ergeben:

Abstand m	X in Ohm pro 100 km	X_{mittel} in Ohm
4,5	87	
7,6	91	92
10,6	98	

d. h. ein mittlerer Fehler von $\dfrac{92-74}{74} = 24\%$.

Setzen wir nun für eine angenäherte Betrachtung die Induktivität von Erde und Blitzseil einander gleich, so verhalten sich die Ströme

$$\frac{J_{Erde}}{J_{Blitzseil}} = \frac{\text{Seilwiderstand}}{\text{Erdwiderstand}}.$$

Der Widerstand eines gebräuchlichen Erdseiles für eine 100 kV-Leitung (50 mm² Fe) beträgt 300 Ohm für 100 km. Für den Erdwiderstand schwanken die Angaben zwischen 5 und 10 Ohm für 100 km bei Frequenz $f = 50$, je nachdem man die Formel von Mayr ($2\,\pi \cdot f^2 \cdot l$) oder ($\pi \cdot f^2 \cdot l$) (Rüdenberg) zugrunde legt. Liegt also der Übergangswiderstand an der Fehlerstelle vor dem Nebenschluß, so wird der Anteil des Blitzseiles unabhängig von der Entfernung $1/30$—$1/60$ betragen, die Erdinduktivität, also immer um $1/2$—1% zu groß gemessen: d. h. der Fehler wird bei der Proportionalitätsrechnung eliminiert.

Besonders ungünstig scheinen die Verhältnisse bei Erdschluß durch Aufliegen einer Phase auf der Traverse zu sein: hier liegt der relativ hohe Masterdungswiderstand v_m nur mit dem geringen Erdwiderstand v_e

in Reihe. Fasse ich jedoch die über das Erdseil parallel liegenden Mast-
erden in 2 Ersatzwiderständen am Anfang der Leitung und an der
Fehlerstelle zusammen, so ergibt sich ein Parallelwiderstand r_p zur Masterde von: $\frac{r_m}{a/2 \cdot l}$, wenn a die Anzahl der Maste pro km und l die Länge
in km ist. Beispiel: Es sei $r_e = 5 - 10$ Ohm, $a = 4$, $l = 30$ km,
$r_m = 3 - 6$ Ohm; dann wird $r_p = \frac{r_m}{60} = 0,08 - 0,16$ Ohm, d. h. auch
in diesem ungünstigen Fall spielt der Widerstand der Masterde keine
Rolle.

Wir wollen nun an Hand unserer Versuchsergebnisse die beiden
Formeln (von Rüdenberg und Mayr) für den Ohmschen Widerstand R
kontrollieren. Versuchreihe 7 der Beilage 5 zeigt, daß die errechneten
und gemessenen Werte für die Schleife Phase — Phase recht gut stimmen:

<table>
<tr><td align="center">Rechnungswert:</td><td align="center">Meßwert:</td></tr>
<tr><td align="center">$R = 63 \cdot 0,26 = 16,65 \ \Omega$</td><td align="center">$R = \frac{34,1}{2} = 17,05 \ \Omega.$</td></tr>
</table>

Die Differenz ergibt den Widerstand der Meßinstrumente.

Der Ohmsche Widerstand der Schleife Leitung — Erde beträgt
nach Versuchsreihe 6 bei kurzgeschlossenem Vorwiderstand (Versuch 1,
2 und 8) übereinstimmend 22,1 Ohm. Davon gehen für die Hinleitung
(Phase) und die Instrumente 17,1 Ohm ($\pm 1\%$) ab. Mithin bleiben für
die beiden Stationserden plus Erdwiderstand 5 Ohm. Die Stationserden
besitzen mindestens je ein Ohm, so daß sich für den Erdwiderstand
pro km $r_e \leq \frac{3,0}{63} \leq 0,05$ Ohm/km ergibt. Die Formel von Rüdenberg
stimmt mit dieser Tatsache überein, der Einfluß des Blitzseils wäre
dadurch auf $1/60$ bzw. sein Fehler auf 0,5% herabgemindert.

Zum Beweis für die Richtigkeit dieser Überlegungen wurden die
in Anlage 6 beigefügten Messungen am Verdrillungsmast bei Giggen-
hausen (Entfernung ab Karlsfeld 21,7 km) vorgenommen.

Ein Vorversuch auf der Strecke Karlsfeld — Landshut ergab eine
Reaktanz von 43,5 Ohm für 63 km. Die proportionale Umrechnung ließ
für den Verdrillungsmast einen Wert von $X = \frac{43,5 \cdot 21,7}{63} = 15$ Ohm
erwarten.

Zur Prüfung des scheinbar ungünstigen Falles wurde die Erdung
einmal auf der Masttraverse (Versuch 1—5) und dann (Versuch 6—12)
in einer Entfernung von etwa 50 m vom Mast vorgenommen. Bei der
zweiten Versuchsreihe erfolgte die Erdung (Versuch 9—12) mit Hilfe
eines in den Boden getriebenen Metallherings und (Versuch 6—8) in
Nachahmung eines natürlichen Defektes durch Auswerfen eines mehrere

Meter langen Seiles (120 mm² Cu) auf den Erdboden. Die Ergebnisse sind:

Versuch Nr.	mittlere Reaktanz X_s in Ohm
1—5	15,15 $\pm$ 0,7 %
6—8	15,0 $\pm$ 0,5 %
9—12	15,1 $\pm$ 0,7 %

Die Erhöhung des Reaktanzwertes bei der Erdung auf der Masttraverse gegen den Mittelwert der anderen Messung in der Höhe von 0,3 % liegt bei der geringen Anzahl der Messungen innerhalb der Meßgenauigkeit, so daß unsere Überlegungen mit den Messungen übereinstimmen.

Dasselbe Resultat ergibt sich bei einem Vergleich der einzelnen Werte der Phasen untereinander. Tendiert auch der Mittelwert sämtlicher Versuche je Phase um 0,3 % nach einer Erhöhung der untersten Phase so ergibt ein Vergleich der einzelnen Versuchsreihen überhaupt keine Bevorzugung einer Phase.

Der Einfluß der Verdrillung kann also innerhalb der Meßgenauigkeit vernachlässigt werden.

Zusammenfassung.

Nach unseren Ausführungen lassen sich sämtliche Freileitungsfehler (mit Ausnahme von Gruppe 8: intermittierender Erdschluß bei Betriebsspannung) unter Einbeziehung der Erde in fast reine Leerlauf- oder Kurzschlußfälle teilen.

Zur Leerlaufmessung können wir entweder eine Resonanzmessung oder eine Leerlaufstrommessung verwenden. Den Vorzug verdient letztere, da sie bedeutend einfacher ist und lediglich eine Ablesung und eine Regeldetrirechnung erheischt. Im Bedarfsfall könnte man sie dadurch noch weiter vereinfachen, daß man das Voltmeter, mit dem man auf die gleiche Spannung einstellt, mit dem Amperemeter vereinigt und, unabhängig von der Spannung, mit einer Ablesung eines Quotienten-Instrumentes auskommt.

Ist nun eine Leerlaufmessung praktisch notwendig?

Unbedingt erforderlich wäre sie nur bei Gruppe 4: Trennung der Leitung mit zwei isolierten Enden. Diese kommt vor bei selbsttätiger Öffnung eines Leitungstrennschalters und bei selbsttätiger Lösung der Zwischenverbindung am Abspannmast. Ersterer kann durch Verschraubung der Kontakte der Trennschaltermaste, wie sie beim Bayernwerk durchgeführt ist, unmöglich gemacht werden. Nach dessen Erfahrungen wird man ja auf Trennschaltermaste überhaupt verzichten. Die andere Möglichkeit ist bei einer sorgfältigen Montage zu vermeiden und ist im 3 jährigen Betrieb des Bayernwerks noch nicht vorgekommen.

Wie die folgende Zusammenstellung der Freileitungsfehler zeigt:

Gruppe:	1	2	3	4	5	6	7
1. 1.—1. 12. 24	4	7	—	1	5	—	2[1]
1. 1.—1. 10. 25	2	4	—	—	2[1]	—	2[1]

kommen normalerweise 2 (bzw. 3) Fehlergruppen vor: Erdschluß einer Phase ohne Leitungsunterbrechung (20% der Fehler) und Reißen einer bzw. zweier Phasen, beide Ende an Erde. Sollte in diesem Fall die Phase unmittelbar am Abspannmast reißen, so muß man sich mit einer einseitigen Messung begnügen und geht dadurch der Kontrolle durch die Messung vom andern Umspannwerk aus verlustig. Das Reißen aller 3 Phasen erfolgt fast immer erst nach einiger Zeit durch Abwürgen der Maste. Dieser Punkt ist wichtig, weil nach Mastumbruch eine Vergleichsmessung auf einer gesunden Phase nicht möglich ist. Abgesehen davon, daß dieser Fall, wie erwähnt, normalerweise erst nach geraumer Zeit eintritt, bewährt sich hier die Mittelwertsbildung (Messungen von beiden Enden). Außerdem ist es wahrscheinlich, daß sich die zeitliche Inkonstanz der Induktivität durch Tabellen genügend genau berücksichtigen läßt.

Unter diesen Umständen werden sich die Überlandwerke damit begnügen können, Meßinstrumente für eine Kurzschlußmessung anzuschaffen. Noch mehr wie bei der Leerlaufmessung ist hier das Bedürfnis nach einem Quotienten-Instrument vorhanden, das Blindwattmeter und Amperemeter vereinigt. Die Verhandlungen wegen des Baus eines solchen Instruments sind im Gange, so daß in Bälde damit gerechnet werden kann, daß ein Reaktanzmesser auf den Markt kommt und damit ein dringendes Bedürfnis des Betriebs befriedigt wird.

---

[1] nach einiger Zeit Mastbruch.

Geschwindigkeitsänderung durch Entlastung.

Nach der mechanischen Grundgleichung für Drehbewegung bestehen die Beziehungen:

Drehmoment = Trägheitsmoment × Winkelbeschleunigung,

oder $M_D = \Theta \cdot a$ und dementsprechend

Winkelgeschwindigkeit $v = a\,t$ und

absoluter Winkelweg $s = \frac{1}{2}\,a\,t^2$.

Sind nun Schwungmoment S und Leistung L bekannt, so kann man nach den Beziehungen

$$\Theta = \frac{S}{4\,g}$$

und

$$M_D = \frac{L_{kW}}{n} \cdot \frac{1{,}36 \cdot 75 \cdot 60}{2\,\pi} = \frac{L}{n} \cdot 975 \;(\text{m kg}),$$

wo n Umdrehungen pro Minute und g die Erdbeschleunigung darstellen. v und s in Abhängigkeit von der Zeit t bestimmen. Beispiel: Walchenseegenerator $S = 210$ m² t; $n = 500$; $L = 16\,000$ kW.

$$M_D = L\frac{975}{500} = L \cdot 1{,}95; \quad \Theta = \frac{210\,000}{4 \cdot 9{,}81} = 5260 \;[\text{kg}_M \cdot \text{m}^2].$$

Damit errechnet sich für die Entlastungen der Tachogramme, die gelegentlich der Reglerabnahmen aufgenommen wurden, folgende Tabelle:

Vers. Nr.	L kW	M_D m kg	$\alpha = \dfrac{M_D}{\Theta}$
1	4 200	8 190	1,56
2	8 800	17 150	3,27
3	16 400	32 000	6,09

Bei einer Tourenzahl von $n = 500$ Umdrehungen pro Minute ergibt sich eine Winkelgeschwindigkeit

$$v = \frac{n}{60} \cdot 2\,\pi = \frac{500 \cdot 6{,}28}{60} = 54{,}5 \cdot \sec^{-1}$$

und damit je nach der Entlastung folgende Geschwindigkeitsänderungen in Abhängigkeit von der Zeit:

t''	Geschwindigkeitsänderung $\varDelta v$					
	Versuch 1		Versuch 2		Versuch 3	
	absol.	in %	absol.	in %	absol.	in %
0,5	0,78	1,5	1,64	3,0	3,05	5,6
1,0	1,56	2,9	3,27	6,0	6,09	11,2
2,0	3,12	5,8	6,54	12,0	12,18	22,4

Ist ferner die Polteilung im Winkelmaß gleich $\dfrac{\pi}{p}$, wenn p die Anzahl der Polpaare ist, so beträgt in unserem Beispiel die Polteilung $\beta = \dfrac{3,14}{6} = 0,53$.

Ist außerdem der Winkelweg $s = \frac{1}{2}\,t^2$, so ist die Zeit, die verstreicht, bis das Polrad sich um eine Polteilung gedreht hat:

$$t = \sqrt{\frac{2\,s}{a}} = \sqrt{\frac{1,06}{a}}.$$

Das ergibt folgende Tabelle:

Vers. Nr.	a	$\sqrt{t^2}$	t''
1	1,56	0,68	0,825
2	3,27	0,325	0,57
3	6,09	0,175	0,418

Dauer-Kurzschlußstromberechnung bei Synchronmaschinen[1]).

Unter Vernachlässigung der Ohmschen Komponenten findet man den der jeweiligen Erregung entsprechenden Kurzschlußstrom durch Ziehen einer Teilcharakteristik in der Leerlaufkurve des Generators unter dem Winkel a, dessen Tangente gleich $\dfrac{\text{Kurzschlußspannung}}{\text{Kurzschlußstrom}} =$ der Summe der Reaktanzen des Kurzschlußstromkreises ist.

Bei Berechnung mehrerer Fälle geht man am einfachsten vom Potierschen Dreieck aus und eicht die Kurzschlußspannung in Ohm Reaktanz. Parallele durch die jeweilige Erregerstromstärke schneiden auf der Leerlaufcharakteristik die Arbeitspunkte der Maschine aus. Trägt man neben dem Maßstab des Erregerstroms die Ankerrückwirkung in Amp.-Hochvoltseite auf, so kann man sofort die Kurzschlußstromstärken ablesen.

Als Beispiel sei der Walchenseegenerator Nr. 3 (Leistung $N = 20000$ kVA bei cos $\varphi = 0{,}8$; 500 Umdrehungen pro Minute) gewählt. Seine Leerlaufcharakteristik sei durch folgende Tabelle gegeben:

Erregung Amp.	27,5	57,6	87,5	120	155	195	242	320	500
verk. Spannung E_v Volt	1000	2000	3000	4000	5000	6000	7000	8000	9000

Außerdem kennen wir noch den Erregerstrom in Amp.:

$$\begin{aligned}
&\text{bei Normalspannung (6600 V)} \; i_0 &&= 225 \text{ Amp.;}\\
&\text{bei Normalstrom} \quad (1750 \text{ A}) \; i_k &&= 162 \text{ Amp.;}\\
&\text{bei Normallast u. cos } \varphi = 0{,}8_{\text{ind}} \; . \; . &&= 350 \text{ Amp.;}\\
&\qquad\qquad \text{cos } \varphi = 0_{\text{ind}} \; . \; . \; . &&= 420 \text{ Amp.}\\
&\text{und} \qquad \text{cos } \varphi = 0_{\text{cap}} \; . \; . \; . &&= \;\; 48 \text{ Amp.;}\\
&\text{Streuspannung } \varepsilon &&= 16{,}7 \, \%.
\end{aligned}$$

Die Maschinenreaktanz beträgt somit: $k_m = \dfrac{E_v^2}{N} \varepsilon = 111$ Ohm pro Phase.

Wählt man nun einmal eine Leitungsreaktanz von 65 Ohm, entsprechend einem Kurzschluß in der Nähe von Landshut, das andere Mal eine solche von 160 Ohm, entsprechend einem Kurzschluß in der Nähe von Arzberg, so ergeben sich je nach dem Betriebsfall die folgenden

---

[1]) nach Rüdenberg, E. u. M. 1925, H. 5.

Widerstände, wobei bei Mehr-Maschinenbetrieb die Leitung entsprechend aufgeteilt wurde:

Maschineneinsatz	Widerstand bei Kurzschluß Nähe	
	Landshut	Arzberg
1 Maschinenbetrieb . .	359 Ohm	457 Ohm
2 » . .	427 »	617 »
3 » . .	492 »	777 »
4 » . .	557 »	937 »

1. Erdschlußversuche am 13. XII. 1924.

Ort der Messung: U.W. Karlsfeld.

Nullpunktswandler: $\ddot{u} = 64\,000/110 = 582$.

Stromwandler in der Erdverbindung: $\ddot{u} = 100/5$ bzw. 25/5
$= 20$ bzw. 5.

Netzlänge: 481 km, errechneter Kompensationsstrom:

$$J_0 = 157 \text{ Amp.}$$

Wetter: bedeckt.

Nr.	E_e		E_v	J		N_r		$\cos\varphi$	J_r	
	sec. V	prim. kV	kV	sec. Amp.	prim. Amp.	sec. α	prim. kW		Amp.	in % bez. auf J_e
		$\times$ 582	$\times \sqrt{3}$		$\times$ 20		$\times$ 11,64			
1a	65,0	37,8	65,5	1,0	20 $\times$ 5	20,0	232,8 $\times$ 2,91	0,31	6,2	3,9
3	84	48,8	81,5	4,2	21	75,0	218,0	0,21	4,4	2,8
4	95	55,3	96	4,8	24	75,0	218,0	0,16	3,95	2,5

2. Erdschlußversuche am 9. IV. 1925.

Ort der Messung: U.W. Karlsfeld.

Nullpunktswandler: $\ddot{u} = 60\,000/110 = 545$.

Stromwandler in der Erdverbindung: $\ddot{u} = 100/5$ bzw. 25/5
$= 20$ bzw. 5.

Netzlänge: 754 km, errechneter Kompensationsstrom:

$$J_0 = 241,3 \text{ Amp.}$$

Wetter: klare Nacht.

Nr.	E_e		E_v	J		N_r		$\cos\varphi$	J_r	
	sec. V	prim. kV	kV	sec. Amp.	prim. Amp.	sec. α	prim. kW		Amp.	in % bez. auf J_e
		$\times$ 545	$\times \sqrt{3}$		$\times$ 5		$\times$ 6,82			
1	100	54,5	94,5	1,8	9,0	57,2	390	0,8	7,2	3,9
2	104	56,7	98,3	2,2	11,0	57,5	392	0,63	6,9	2,9
3	104	56,7	98,3	2,4	12,0	57,5	392	0,581	7,0	2,9
4	108	58,8	102.0	1,65	8,25	58,5	396	0,82	6,7	2,8
5	107	58,4	101,0	1,7	8,5	58,0	377	0,76	6,5	2,7
6	100	54,5	94,5	1,65	8,25	53,0	362	0,81	6,7	2,8
7	100	54,5	94,5	1,77	8,25	51,0	348	0,72	6,4	2,7

3. Erdschlußversuche am 18./19. IV. 1925.

Ort der Messung: U.W. Karlsfeld.

Nullpunktswandler: $\ddot{u} = 60000/110 = 545$.

Stromwandler in der Erdverbindung: $\ddot{u} = 50/5$ bzw. 25/5
$$= 10 \text{ bzw. } 5.$$

Wetter: klare Nacht.

Versuch 1—6: Netzlänge: 877 km,
$J_0 = 279$ Amp.

Versuch 10—36: Netzlänge: ca. 1000 km,
$J_0 = 329$ Amp.

Nr.	E_o		E_r	J		N_r		cos φ	J_r	
	sec. V	prim. kV	kV	sec. Amp.	prim. Amp.	sec. α	prim. kW		Amp.	in % bez. auf J_o
		$\times$ 545	$\times \sqrt{3}$		$\times$ 5		$\times$ 13,63			
1	100	54,5	94,5	4,7	23,5	40	545,4	0,43	10,0	3,6
2	100	54,5	94,5	4,7	23,5	40	545,4	0,43	10,0	3,6
					$\times$ 10		$\times$ 27,25			
4	102	55,6	96,4	2,75	27,5	20	545,5	0,36	9,8	3,5
6	102	55,6	96,4	3,4	34,0	20	545,4	0,29	9,8	3,5
10	102	55,6	96,4	2,1	21,0	22	600,0	0,51	10,8	3,3
11	101	55,1	95,5	–·	—	—	—	—	—	—
12	101	55,1	95,5	3,2	64,0	18	492,0	0,14	8,9	2,7
20	102	55,6	96,4	3,2	32,0	21	573,0	0,32	10,3	3,1
21	102	55,6	96,4	2,25	22,5	23	628,0	0,50	11,2	3,4
25	102	55,6	96,4	2,3	23,0	24	655,0	0,51	11,7	3,6
26	103	56,2	97,4	2,9	29,0	22	600,0	0,37	10,7	3,25
29	103	56,2	97,4	1,7	17,0	22	600,0	0,63	10,7	3,25
30	102	55,6	96,4	2,65	26,5	21	573,0	0,39	10,3	3,1
36	102	55,6	96,4	2,6	26,0	22	600,0	0,41	10,7	3,25

Ergebnisse der Fehlerortsmessung mit Resonanzmethode bei offenem Leitungsende.

Strecke Amberg—Arzberg.

1. Messung von Amberg aus:

λ_n m	λ_m m	$m-n$	l_{km}	Wahre Länge km	Fehler Δ in %	Bemerkungen
1095	1715	20	30,4	28	$+8,6$	Trennschaltermaste in Luhe offen.
1230	1740	42	84,2	83	$+1,5$	Leitung durchgeschaltet, für alle Phasen gleiches Ergebnis.
1075	1750	44	61	58	$+5,2$	Trennschaltermast bei Falkenberg offen.
1155	1740	50	58,4	83	$+2,9$	Leitung durchgeschaltet.
940	1211	27	56,8	58	$-2,0$	Trennschalter bei Falkenberg offen.
900	1750	50	27,7	28	$-1,1$	Phase 3 am Trennschaltermast Luhe durchgeschaltet.
1170	1740	50	89,4	83	$+7,7$	Phase 2 am Trennschaltermast Luhe durchgeschaltet. (Gleichzeitig.)

2. Messungen von Arzberg aus:

665	1130	30	24	25	-4	Trennschaltermast bei Falkenberg offen.
900	1165	29	57,6	55	$+4,7$	Trennschaltermast in Luhe offen.
870	1180	49	81,2	83	$-2,2$	Leitung durchgeschaltet.

A. Zeitliche Konstanz.

1. Versuche am 4. V. 1925.

Verwendung nur von Blindwattmeter.

Nr.	Zeit	Phase	J α	$\times 0,05$ Amp.	J^2	N_x α	$\times 250$ BW.	$X_e = \dfrac{N_x}{J^2}$ Ω	Bemerkungen
1	4^{00}	grün	90,4	4,52	20,4	3,53	883	43,3	ohne Vorwiderstand
2		violett	90,2	4,51	20,3	3,48	870	42,9	» »
3		gelb	90,2	4,51	20,3	3,48	870	42,9	» »
4		gelb	50,8	2,54	6,45	1,14	285	44,2	mit »
5		grün	50,7	2,54	6,45	1,13	283	43,9	» »
6		violett	50,5	2,53	6,4	1,12	280	43,8	» »
7		viol.-gelb	54,3	2,71	7,35	1,63	408	55,5	» »
8		gelb-grün	54,2	2,71	7,35	1,64	410	55,8	» »
9		grün-viol.	54,4	2,72	7,4	1,64	410	55,5	» »
10		grün-viol.	66,8	3,34	11,15	2,46	615	55,2	ohne »
11		grün-gelb	66,4	3,32	11,05	2,45	613	55,5	» »
12	4^{45}	viol.-gelb	66,4	3,32	11,05	2,45	613	55,5	» »

Bemerkung: $X_{em} = 43,5 \pm 1,4\%$ Ohm.

Interesseshalber wurde hier die verkettete Induktivität geprüft:

$$2\, X_{pm} = 55,5;\ 2\, X_{pm}/\text{Schleife und km} = 0,882\ \text{Ohm}.$$

Rechnungswert $= 0,844$ oder $4,3\%$ kleiner.

2. Versuche am 22. V. 1925 vormittags.

Verwendung nur von Blindwattmeter.

Nr.	Zeit	Phase	J α	Amp.	J^2	N_x α	BW.	$X_e = \dfrac{N_x}{J^2}$ Ω	Bemerkungen
1	9^{45}	violett	97,2	4,86	23,6	4,00	1000	42,4	ohne Vorwiderstand
2		grün	97,2	4,86	23,6	3,99	998	42,3	» »
3		gelb	97,1	4,86	23,5	4,00	1000	42,6	» »
4		gelb	87,5	4,38	19,2	3,23	808	42,1	mit »
5		grün	87,5	4,38	19,1	3,23	808	42,3	» »
6	10^{25}	violett	87,5	4,38	19,1	3,23	808	42,3	» »

Bemerkung: $X_{em} = 42,4 \pm 0,35\%$ Ohm.

3. Versuche am 22. V. 1925 nachmittags.

Verwendung nur von Blindwattmeter.

Nr.	Zeit	Phase	J		J^2	N_x		$X_e = \dfrac{N_x}{J^2}$	Bemerkungen
			α	Amp.		α	BW.	Ω	
				$\times 0,05$			$\times 0,25$		
1	3^{30}	violett	87,3	4,37	19,1	3220	805	42,2	mit Vorwiderstand
2		grün	87,4	4,37	19,1	3225	806	42,2	» »
3		gelb	87,3	4,37	19,1	3220	806	42,2	» »
4		gelb	97,7	4,89	23,7	3980	995	41,9	ohne »
5		grün	97,7	4,89	23,8	4030	1008	42,3	» »
6	3^{60}	violett	97,6	4,88	23,8	4030	1008	42,3	» »

Bemerkungen: $X_{em} = 42,2$ Ohm $\pm 0,5\%$.

4. Versuche am 23. V. 1925 vormittags.

Nr.	Zeit	Phase	J		J^2	N_x		$X_e = \dfrac{N_x}{J^2}$	Bemerkungen
			α	Amp.		α	BW.	Ω	
1	8^{35}	violett	97	4,85	23,5	3940	986	41,9	ohne Vorwiderstand
2		grün	96,7	4,83	23,35	3970	993	42,6	» »
3		gelb	96,8	4,83	23,25	3930	983	42,3	» »
4		gelb	87,9	4,34	18,85	3175	793	42,2	mit »
5		grün	86,2	4,31	18,52	3135	783	42,3	» »
6	9^{20}	violett	86,2	4,31	18,52	3140	785	42,3	» »

Bemerkung: $X_{em} = 42,3$ Ohm $\pm 0,5\%$.

5. Versuche am 5. VIII. 1925 nachmittags.

Verwendung von Watt- und Blindwattmeter.

Nr.	Zeit	Phase	J	J^2	N_x	N_r	$X_{eI} = \dfrac{N_x}{J^2}$	$X_{eII} = \dfrac{\sqrt{EJ^2 - N_r^2}}{J^2}$	$R = \dfrac{N_r}{J^2}$	Volt
			Amp.		BW.	W	Ω	Ω	Ω	
1	5^{30}	gelb	4,59	21,1	915	538	43,4	44,6	25,5	236
2	—	grün	4,59	21,1	915	538	43,4	44,6	25,5	236
3	5^{55}	violett	4,56	20,8	908	538	43,6	44,9	25,9	236

Bemerkung: $X_{emI} = 43,5 \pm 0,2\%$; $X_{emII} = 44,7 \pm 0,3\%$

$X_{emm} = 44,1$ Ohm. Ohne Vorwiderstand.

6. Versuche am 18. VIII. 1925.

Verwendung von Watt- und Blindwattmeter.

Nr.	Zeit	Phase	J Amp.	J^2	N_x BW.	N_r W.	$X_{eI} = \dfrac{N_x}{J^2}$ Ω	$X_{eII} = \dfrac{\sqrt{EJ^2 - N_r^2}}{J^2}$ Ω	$r = \dfrac{N_r}{J^2}$ Ω	E_V	Bemerkungen
1	12^{05}	violett	4,17	17,4	765	384	43,9	44,2	22,0	206	ohne Vorwiderstand
2		grün	4,15	17,2	756	380	43,9	44,2	22,1	205	» »
3		grün	3,35	11,2	510	480	45,5	44,2	42,8	206	mit »
4		grün	2,60	6,76	305	450	45,2	43,3	66,6	206	» »
5		gelb	2,58	6,63	299	448	45,2	44,3	67,7	206	» »
6	12^{17}	gelb	3,40	11,55	515	480	44,7	44,8	41,6	206	» »
7		gelb	3,98	15,85	703	418	44,5	44,9	26,4	206	ohne »
8	12^{20}	gelb	4,15	17,2	757	380	43,9	44,9	22,1	206	» »

Bemerkung: Ohne Berücksichtigung von $X_{emI} = 44,5 \pm 1,8\%$.
Versuch 4 ergibt sich: $X_{emII} = 44,5 \pm 0,8\%$.
$X_{emm} = 44,5$ Ohm.

7. Versuche am 24. VIII. 1925.

Verwendung von Watt- und Blindwattmeter.

Nr.	Zeit	Phase	J Amp.	J^2	N_x BW.	N_r W.	$X_{eI} = \dfrac{N_x}{J^2}$ Ω	$X_{eII} = \dfrac{\sqrt{EJ^2 - N_r^2}}{J^2}$ Ω	$r = \dfrac{N_r}{J^2}$ Ω	E_V	Bemerkungen
1	12^{15}	violett	4,11	16,9	755	376	44,6	45,6	22,2	208,4	ohne Vorwiderstand
2		violett	2,74	7,5	340	463	45,3	44,6	61,8	208,2	mit »
3		grün	4,11	16,9	750	375	44,4	45,5	22,2	208,2	ohne »
4		gelb	4,11	16,85	753	375	44,6	45,5	22,2	208,0	ohne »
1		gelb-viol.	3,09	9,55	548	324	57,4	58,2	34,0	208,2	ohne Vorwiderstand
2		gelb-grün	3,07	9,48	545	321	57,8	58,3	34,0	207,8	» »
3	12^{40}	grün-viol.	3,10	9,6	555	328	57,8	58,3	34,2	209,2	» »

Bemerkung: $X_{emI} = \dfrac{18,9}{4} = 44,7 \pm 1,3\%$; $X_{emII} = \dfrac{21,2}{4} = 45,3 \pm 1\%$.

Prüfung der verketteten Induktivität:

$2\,X_{pm} = 58,3\ (57,7)$; X_{pm} verk./Schleife und km $= 0,926\ (0,9116)$.

Versuche am Verdrillungsmast bei Giggenhausen.

Nr.	J_A	J^2	N_x	N_r	$X\,\Omega$	$R\,\Omega$	E_v	Phase	Bemerkungen
	4,59	21,1	915	538	43,4	25,5	235	gelb	Vorversuch auf Strecke Karlsfeld—Landshut
	4,59	21,1	915	538	43,4	25,5	235	grün	
	4,55	20,7	908	530	43,8	25,5	234	violett	
1	4,98	24,6	369	1070	15,0	43,5	229	gelb	Erdung auf Masttraverse
2	4,96	24,5	369	1070	15,1	49,7	230	gelb	
3	4,90	24,0	365	—	15,2	—	228	violett	
4	5,00	25,0	380	1030	15,2	41,2	228	violett	$X_{em} = 15,15 \pm 0,7\%$
5	4,82	23,1	326	1030	15,2	44,4	228	grün	—
6	2,80	7,84	118	638	15,0	81,5	231	gelb	Erdung Mitte Mastfeld
7	2,89	8,32	125	650	15,05	78,3	231	violett	(Kupferseil 120 mm²)
8	2,89	8,35	125	660	14,9	79	231	grün	$X_{em} = 15,0 \pm 0,5\%$
9	3,68	13,5	205	820	15,2	60,7	230	grün	Erdung Mitte Mastfeld
10	3,68	13,6	203	815	15,0	60,4	231	grün	(Kupferhering 1 m lang)
11	3,69	13,6	206	820	15,1	60,3	230	gelb	
12	3,64	13,3	203	810	15,1	61,1	230	violett	$X_{em} = 15,1 + 0,7\%$

Literaturverzeichnis.

1. Alten, ETZ 1924, Heft 22.
2. Arnold-Bernett, ETZ 1925, Heft 34.
3. Bernett-Arnold, ETZ 1926, Heft 23.
4. Biermanns, E. u. M. 1925, Heft 20.
5. Fränkel, Theorie der Wechselströme.
6. Lühr, Dissertation, Darmstadt 1924, Untersuchungen über den Einfluß von Erdrückströmen auf langen Leitungen.
7. Mayr, ETZ 1925, Heft 36 und 38.
8. Dipl.-Ing. Menge, Das Bayernwerk und seine Kraftquellen. Springer 1925.
9. Révue générale de l'Electricité vom 4. Oktober 1925.
10. Rüdenberg, E. u. M. 1925, Heft 5 und 6.
11. Rüdenberg, ETZ 1925, Heft 36.
12. Dr. Schleicher, Der elektrische Betrieb 1924, Heft 20.
13. Starkstromtechnik, Bd. I, S. 609ff.
14. Dr. Sorge, Siemens-Zeitschrift 1925, Heft 9.
15. Prüfung und Instandhaltung von Relais, System der Westchester Lightning Company (Auszug in den Mitteilungen der Vereinigung der E.W., Nr. 390) El. Wd. Vol. 85, Nr. 3, 1925.